BERTRAND RUSSELL

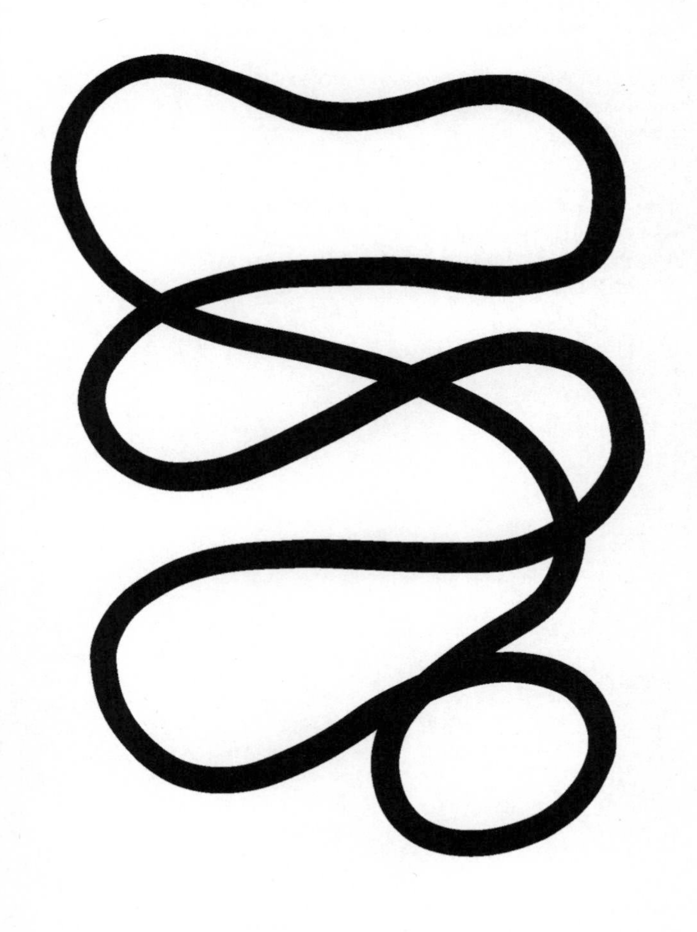

진리를 찾아 나선
인류의 지적 모험에 건네는
러셀의 나침반

과학이란—무엇인가

버트런드 러셀 지음
장석봉 옮김

사회평론

서문

빅토리아 시대의 정치인 존 러셀 경의 손자인 버트런드 아서 윌리엄 러셀은 1872년 잉글랜드에서 태어났다. 어린 시절 가정교사에게 교육 받은 그는 케임브리지대학에 입학해 수학을 공부했다. 그 후 20년 동안 러셀은 철학을 집중적으로 연구했다. 사회 문제에 대단한 관심을 가지고 있었던 만큼 그는 아카데미라는 좁은 울타리를 벗어나 있었다. 제1차 세계대전 기간 동안 러셀은 거침없는 반전주의자로 악명을 높였고, 결국 6개월간 감옥에 갇히기도 했다. 전쟁이 끝난 후 러셀의 활동은 점점 더 급진적인 양상을 보였고, 그에 따라 악명도 높아졌다. 절정은 진보적인 학교를 설립한 일이었다. 그 학교는 기존 교육의 억압에서 벗어나 아이들에게 진정한 자유를 주는 것을 목표로 했다. 동시에 그는 대중적인 글을 써서 자신과 가족의 생활을 영위했다.

1931년 그는 백작 작위를 물려받았다. 제2차 세계대전이 발발한 뒤 전통에 반하는 견해를 가지고 있다는 이유로 뉴욕시립대 임용이 거부되면서 뜨거운 논란의 중심에 섰다. 그 후 한동안 조용히 지냈다. 이후 천재성을 인정받은 러셀은 민간인에게 주어지는 가장 명예로운 훈장인 메리트 훈장을 받았고, 이어 노벨 문학상을 수상했다. 하지만 그는 끝까지 논란의 중심에 있었다. 말년에 러셀은 핵무기의 위험성을 고발하고 베트남에 대한 미국의 개입에 반대 목소리를 높였다. 1970년 웨일스에서 친구들, 가족, 그리고 네 번째 아내가 지켜보는 가운데 천수를 다했다.

러셀은 영국에서 가장 뛰어난 철학자 중 한 사람이자 존 로크, 데이비드 흄, 그리고 그 자신의 (세속적인) 대부 존 스튜어트 밀과 같은 반열에 설 자격이 충분한 사람이다. 그의 주요 업적은 비교적 이른 시기에, 특히 케임브리지대학의 철학자이자 수학자인 앨프리드 노스 화이트헤드와의 공동 작업에서 나왔다. 공동 저술한 세 권짜리 걸작 『수학 원리』(1910~1913)에서 이들은 수학적 진리는 궁극적으로 논리 법칙들의 연역적 결과로 얻어진다는 '논리주의'를 입증해 보이려 했다. 불행히도 이 철학은 간단하고 명백한 방식으로 입증하는 것이 불가능하다. 그것은 이 철학에서 발생하는 어떤 역설들 때문인데, 타당함을 훨씬 넘어서는 영역까지 '논리 법칙들'의 범위를 확장해야만 이 역설을 빠져나갈 수 있다. 그런데 이것은 성공보다 실패

가 더 가치 있는 사례들 중 하나라고 할 수 있다. 러셀이 논리학 내부와 그 주변에서 해낸 작업은 20세기 철학적 사유에 엄청난 영향을 미쳤기 때문이다. 러셀, 그리고 그의 학파에 속한 학자들은 우리의 사유가 향하는 방향을 통째로 바꿔놓았다.

여러분도 예상할 수 있겠지만, 전문적인 철학자들은 러셀이 하듯 대중적인 글을 쓰는 데 좀처럼 시간을 할애하지 않는다. 하지만 러셀에게 수많은 팬과 청중을 가져다준 것은 바로 이 대중적인 글들이었다. 그는 엄청난 속도로 원고를 써냈다. 하루에 3,000단어 정도를 구술했다. 그것도 수정해야 할 단어가 한 쪽당 하나도 나오지 않을 정도로 완벽하게 말이다. 6만 5,000단어 정도의 책을 쓰기로 계획하고 원고 마감 시간을 역산해 정확히 3주 전에 시작해 마치기도 했다. 그럼에도 그는 유려한 문체에 완벽한 균형, 명확함까지 갖추고도 조금의 잘난 척도 느껴지지 않는 글을 만들어냈다. 노벨상은 공정하게 수여됐다. 이 책 『과학이란 무엇인가(Religion and Science)』는 그 점을 아주 잘 보여준다. 1935년 처음 나왔고, 그 후 스무 차례 넘게 재출간되었지만 처음 나왔을 때와 마찬가지로 지금도 여전히 참신하다.

과학과 종교의 관계를 어떻게 설정할 수 있는가를 염두에 두고 이 책의 맥락을 따라가보자. 러셀에 따르면 과학을 한 번도 깨진 적 없는 자연법칙을 통해 경험 세계를 이해하려는 시도로 보고, 종교를 도덕률뿐만 아니라 어떤 궁극적인 것들에

관한 주장들('교리')과 결부된 복잡한 현상들로 본다면, 거기에는 네 가지 중요한 입장이 있다고 보는 게 합당하다.

첫째, 종교와 과학은 실재에 대해 서로 상반된 주장을 하는 체계이고, 따라서 둘 사이의 관계를 대립이나 투쟁 관계라고 보는 것이다. 오늘날 미국에서 아직까지도 뜨겁게 진행 중인 성경 문자주의자들('창조주의자들')과 진화론자들 사이의 충돌은 좋은 예다. 성경 문자주의자들은 「창세기」의 앞부분, 즉 창조의 6일, 아담과 이브, 그들의 타락, 대홍수, 나이가 고작 6,000년에 불과한 지구를 문자 그대로 참이라고 믿는다. 반면 진화론자들은 지구의 나이가 수십억 년에 달하며, 모든 생물은 현재의 형태와 너무도 다른 단순한 형태에서 천천히 성장, 즉 발달해온 결과물이며, 그 과정은 아직도 끝나지 않았다고 주장한다.

둘째, 과학과 종교는 분리되어 있다고 보는 사람들이다. 이들은 종교와 과학은 서로 다른 물음에 질문하고 답하는 완전히 다른 분야의 경험을 다루며, 따라서 둘 사이의 충돌은 존재하지 않는다고 주장한다. 오늘날 대부분의 개신교 신학자들이 이런 입장을 취하고 있는데, 예배 의식이나 도덕과 관련해서는 비교적 정통적인 신념을 고수하는 경우도 종종 있다. 예를 들어 「창세기」와 관련된 문제들에 대해서 이들은 과학자들과 아예 논쟁 자체를 하지 않으려 한다. 이들은 과학은 '어떻게'라고 질문하는 반면에 종교는 '왜'라고 질문한다고 주장한다.

또한 아담과 이브 이야기는 우리가 어떻게 처음 생겨났는지를 말해주려는 것이 아니라, 우리가 무엇을 해야 하는지 그리고 우리가 왜 그것을 해야 하는지(특히 인간과 지구 그리고 인간과 다른 생명체들의 관계 속에서)를 말해주는 것이라고 본다. 우리는 동물과 식물의 주인인가, 아니면 책임을 짊어진 집사인가?

셋째, 대화를 중시하는 사람들이 있다. 이들은 과학과 종교는 별개의 문제들을 다루지만, 그 문제들은 겹치는 부분이 있고 서로 영향을 주고받는다고 생각한다. 따라서 이 둘을 조화롭게 조정해야 할 필요가 있다고 본다. 이것은 그리스도교 전통에 깊이 뿌리박혀 있는 오래된 입장이다. 이른바 '자연신학'(이성으로 신과 신의 사역을 이해하기 위한 시도)이라고 불리는 이 전통은 성 아우구스티누스 때(예수가 태어난 지 400년 지난 때)로 거슬러 올라간다. 그는 성경을 너무 글자 그대로 읽으면 모순이 발생할 수밖에 없고 신을 믿지 않는 사람들에게 쉽게 반박할 빌미를 줄 뿐이라고 신자들에게 경고했다. 대화를 주장하는 사람들은 인류가 진화했다는 학설을 받아들이지만, 그럼에도 한 남자와 한 여자가 신을 거역한 일은 역사적으로 실제 발생한 사건이라고 주장한다.

마지막으로, 과학과 종교의 통합을 주장하는 사람들이 있다. 이들은 이 둘이 본질적으로 하나이며, 인위적으로 갈라놓은 것에 불과하다고 본다. 가톨릭(예수회) 사제이면서 고생물학자인 피에르 테야르 드 샤르댕은 이런 입장을 대변하는 가장 영

향력 있는 인물이다. 샤르댕은 주저인 『인간 현상』(1955)에서 형태가 가장 단순한 생명체로부터 인류로 점진적인 진화가 이루어져 왔으며, 이러한 역사는 생명체들이 미래에는 더 높은 수준의 오메가 포인트까지 발달할 것이라는 그리스도교적 전망과 만난다고 주장했다. 어떤 면에서 볼 때, 그는 오메가 포인트를 예수 그리스도와 동일시했다고도 할 수 있다.

이 네 가지 입장 중 어느 하나가 맞고 나머지 것들은 틀리다고 말하려는 것이 아니다. 결정해야 한다면 그건 독자들의 몫이다. 이 책에서는 이 모든 입장에 대한 지지와 비판이 끊임없이 있어왔다는 사실을 언급하는 것만으로도 충분할 것이다. 예를 들면 교황 요한 바오로 2세(1978~2005년 재임했다 - 옮긴이)는 교리적으로 보수적이었지만 과학에 지지를 보냈다. 그는 자신과 같은 폴란드인이자 가톨릭 사제였던 코페르니쿠스의 전통에 서 있었다. 결과적으로 그는 대화의 전통에 매우 충실했다. 반면 샤르댕은 지지자(특히 자유주의적 루터교 신자들)가 많았지만 생전에 출판을 거부당하기도 했다. 교회는 그의 생각을 이단이라고 판단했다.

우리는 이런 배경을 고려해 러셀의 『과학이란 무엇인가』를 이해하고 판단해야 한다. 이해하고 나면 판단하기가 더욱 쉬워질 것이다. 러셀은 갈등설의 열렬한 지지자였다. 이 책에서 설명한 것처럼, 그는 종교와 과학은 같은 영토와 사상, 충성을 두고 자신들의 우선권을 주장하며 오랫동안 전쟁을 벌여왔다

고 생각했다. 이것은 의심의 여지가 없는 명백한 사실이다. 과학이 일방적으로 승리한 전쟁이고, 우리 후손들 모두는 이런 결과에 진심으로 감사해야 한다. 종교의 죽음과 함께 미신과 억압과 증오는 모습을 감췄다. 과학의 성공과 함께 이해와 자유와 사랑이 왔다. 이 책이 속한 시리즈의 편집자로서 원고를 의뢰한 고전학자 길버트 머리에게 보낸 답신에서 러셀은 자신이 "로마가톨릭교회가 밝혀지길 원치 않는 사실들을 언급하더라도 이의를 제기하지 않을 것이라는 확약을 출판사로부터 받아달라"고 요청했다.(1933년 11월 30일 서신)

첫인상과 달리, 사실 나는 러셀의 입장이 이보다는 어느 정도 더 복잡하고 흥미로웠을 것이라고 생각한다. 어쩌면 당시 러셀 자신이 느낀 것보다 더 그럴지도 모른다. 이것이 메시지의 전부일지라도, 갈등설에 찬성하는 사람도 반대하는 사람도 모두 다 이 책을 읽을 수 있고 또 읽어야만 한다. 갈등설에 우호적인 사람들은 자신들이 주장하는 바를 상세히 설명하면서도 에두르지 않고 분명하고 강력하게 표명하는 쪽이 낫다. 더 나아가 공산주의와 나치 국가가 한창 세력을 떨치던 시절에 이 책을 썼던 러셀이 지적하듯, 종교와의 싸움은 그것이 성스럽건 세속적이건 끝없이 진행 중이고 세대를 이어가며 계속될 것이다. 갈등설에 반대하는, 혹은 받아들이기는 하지만 러셀의 반대쪽에 있는 사람들에게도 이 책은 중요하고 관심을 끌 만한 책이다. 자신의 입장을 분명하게 표명하려면 적의 약점

뿐만 아니라 강점까지 속속들이 알고 있어야 한다. 이 책보다 더 강력하게 과학을 옹호하고 종교에 반대하는 책은 결코 찾아볼 수 없을 것이다. 혹시라도 개종하게 될지도 모르니 조심하길 바란다!

이 책은 중세 과학을 이야기하면서 먼저 종교가 어떻게 물리학자들에게, 이어서 생물학자들에게 패해 퇴각할 수밖에 없었는지를 역사적으로 설명하면서 시작한다. 이어서 역사, 특히 의학에 관한 역사를 조금 다룬 뒤 자유의지, 결정론, 신비주의, 우주적 목적, 과학과 윤리 같은 좀 더 철학적인 문제들로 논의를 확장해 나간다. 나는 이것이 매우 포괄적인 목록이긴 하지만 한 가지가 빠져 있으며, 그 때문에 어리둥절했다는 사실을 고백한다. 그것은 프로이트 이론이 함축하고 있는 것, 그리고 이 이론이 자유와 죄에 대한 전통적 유대교와 그리스도교적 사유에 어떻게 도전했는지에 대한 논의다. 아방가르드적이고 실험적인 학교를 운영했고 성을 죄악시하는 풍조와 폭력성을 없애려고 노력한 러셀이 이런 주장을 했다는 점에서 특히 더 놀라운 일이다. 나는 그가 다른 사람들, 특히 칼 포퍼와 같은 생각을 했을 것이라는 느낌을 받는다. 그가 보기에 프로이트 이론은 통찰력 있지만 자신이 앞에서 논의한 코페르니쿠스, 갈릴레오, 다윈 같은 위대한 과학자들의 작업과 나란히 놓기에는 체계가 제대로 잡혀 있지 않다고 생각한 것 같다.

이 책의 앞부분은 눈부실 정도로 좋은 게 사실이지만, 솔직

히 나는 결론 부분이 더 좋다. 여러분도 어느 정도 같은 기대를 할 것이다. 러셀에게 철학은 가장 익숙한 작업이었다. 이 책에도 물론 단점이 존재한다. 그가 과학의 역사를 다룰 때 너무 과도하게 2차 사료에 의존했으며, 19세기에 펼쳐진 격론과 관련된 사료 중 과학과 종교 사이에 벌어진 치열한 전투를 의도적으로 과학의 승리로 그려낸 사료들에 지나치게 의존한 경향이 있다는 점이다.

물론 갈릴레오와 다윈이 기성 종교의 탄압을 받았으며, 그것은 좋지 않은 일이었고, 결국 지구가 태양 주위를 돈다는 태양중심설과 진화론이 승리한 게 좋은 일이라고 말했다는 점에서는 결과적으로 러셀, 그리고 그가 이용한 사료들이 옳다. 그럼에도 사료들을 주의 깊게 검토하면 좀 더 미묘한 사실들이 보이는데, 그것은 종교와 과학의 관계가 과학은 항상 기사이고 종교는 항상 용이라는 식의 일방적 관계가 아니었다는 것 또한 역사적인 사실이라는 점이다. 생물학의 경우, 다윈은 영국국교회의 자연신학에 크게 의지했다. 자연선택의 기제를 통해 자신이 답하고자 한 생물의 적응성에 그가 보인 집착은 학부 시절에 읽은 윌리엄 페일리 총사제의 주장, 즉 생명체의 가장 놀라운 면은 설계된 듯한 성질이라는 주장에서 비롯했다. 그리스도교가 없었어도 다윈주의가 있었을지에 대해 나는 회의적이다. 더 나아가 다윈의 '불독'이라고도 불린 토머스 헉슬리가 성직자들을 극렬히 반대한 일은 어떤 지위에 대한 오해

에서 비롯된 노골적인 비난과 편견의 대표적인 예라고 본다. 또한 비교해부학의 아버지 조르주 퀴비에가 결코 '가톨릭적 올바름'의 표상이 아니었음을 누군가 친절한 독자가 나서서 러셀에게 지적해주었기를 바란다. 퀴비에는 프랑스와 독일 사이의 접경 지역에서 태어난 개신교도였고, 가톨릭이 점점 득세하는 프랑스에서 장애물을 피해 평생 발걸음을 조심한 사람이었다.

이런 단점들이 있지만, 치명적인 것은 아니므로 어느 정도 이해될 수 있으리라 생각한다. 러셀은 이제 본격적으로 자신에게 좀 더 친숙한 철학 영역으로 발을 옮긴다. 의학에 관한 장은 날카롭다. 비록 산아 제한, 낙태 같은 영역에서 종교가 개인의 도덕을 규제할 수 있는 권리를 지닌다는 주장에 대해 그가 펼친 반대 논리 중에는 다소 진부해 보이는 것들도 일부 있지만, 그의 주장은 60년 전이 아니라 마치 6일 전에 쓴 것처럼 생기 있고 반짝인다. 러셀의 반대자들을 멈칫하게 만드는 것은 바로 이 지점이다. 러셀은 우리가 자신의 입맛에 맞게 골라 읽은 성경의 구절들에서 도덕의 근거를 찾는 일이 얼마나 위험한지를 잘 보여준다. 고통은 이브의 죄에 대한 벌이라고 선포하면서 출산할 때 여성들에게 마취제를 사용해선 안 된다고 남성들이 공공연히 말하던 시절이 지금부터 불과 100년 전이다.

이 책에서 가장 흥미로운 부분은 영혼과 영혼 불멸, 그리

고 자유와 결정론에 관한 장들일 것이다. 우리는 절대로 바뀔 것 같지 않은 무신론자인 러셀이 아마도 강경한 태도를 취했을 것이라고 생각하기 쉽다. 그가 마음 등등의 모든 정신 현상에 반대할 것이 분명한가? 그가 유물론에 우호적일 것이 분명한가? 마찬가지로 과학 법칙들에 예외 없이 지배 받는 우리 인간은 맹목적인 운명의 손아귀에 놀아나는 꼭두각시라고 믿는 러셀이 어떤 종류든 순수한 자유가 존재한다는 데 반대할 것이 분명한가? 이 질문들에 긍정적인 답을 했다면, 여러분은 틀렸다. 러셀은 마음이 없는 휴머노이드도, 그리고 육체와 분리된 영혼도 두개골 안에건 밖에건 존재하지 않는다고 생각한다. 그는 몸과 마음이 어떤 의미에서 하나라고 생각한다. 다른 한편으로 그는 법칙의 엄격한 지배에 대해서도, 그리고 자유의지에 관한 전통적인 관념들에 대해서도 신중한 태도를 취한다. 우리는 꼭두각시도 아니고, 아무런 제약도 받지 않는 실체도 아니다

몸·마음·영혼의 경우, 나는 러셀의 사유에 여러 요소들이 작용했을 것이라고 생각한다. 철학적으로 그는 마음과 물질이 동일한 기본 실체의 양면이라고 보고, 이 주제를 다룬 자신의 가장 중요한 저서인 『마음의 분석』(1921)에서 '중립적 일원론'을 호출한다. 아마도 가장 중요한 점은 물질과 에너지는 상호 교체 가능하며, 따라서 물질과 비물질을 분명하게 나누는 경계선을 긋기란 불가능하다는 20세기 과학자들의 주장일 것

이다. 행동주의의 열풍으로 이러한 주장은 힘을 얻었다. 행동주의는 마음을 행동으로 환원하고자 시도하는 과학인데, 만약 사고와 행위 사이에 본질적인 동일성이 존재한다면 훨씬 타당성을 가질 것이 분명하다. 그는 자신의 입장을 확실히 견지했다. '물질 따로, 영혼 따로'라는 주장에 반대한 그는 플라톤의 영향을 받아 영혼의 불멸성(물질 없는 마음)을 믿는 그리스도인들과 사도 바울로의 영향을 받아 죽은 자의 육체적 부활(서로 다른 물질에 깃든 동일한 마음)을 믿는 그리스도인들 모두를 반박했다. 러셀은 이 두 선택지는 단순히 틀린 정도가 아니라 개념적으로도 불가능하다고 생각했다.

결정론과 법칙의 지배에 대해 러셀은 현대 물리학, 더 구체적으로는 원자 운동의 불확정성을 통해 자유의 새로운 차원을 찾으려는 사람들을 유독 못 미더워했다. 물리학 자체를 부정하려던 것이 아니라 우리가 물질에 대해 최종적이고 완벽하게 알 수 있으리라는 주장을 받아들이기 힘들었던 것이다. 실제로 우리가 모르는 어떤 차원에서 기회는 추방당한다. 어느 경우든, 양자의 불확정성과 자유의지의 연결고리는 완곡하게 말해서 다소 약한 면이 있다. 그러나 이것은 러셀의 주된 관심사가 아니었다. 어떤 의미에서는 논의 전체가 잘못되었다는 사실을 그가 발견했다는 점이 더 중요하다. 바로 그 경험주의적 전통에서 내적 감각 혹은 반성, 즉 내성內省을 통해 러셀은 자유로운 행위에 선행하며 그 행위에 따르는 책임의 원인으로

기대되는 '의지'의 흔적을 전혀 찾을 수 없었다. 흄과 마찬가지로 그 역시 우리가 무언가를 할 때 통제받는 경우도 있고, 통제 밖에서 혹은 통제 너머에서 자유로운 경우도 있다는 것을 부정하지 않았다. 어떤 행위들은 비자발적이고, 또 어떤 행위들은 자발적이다. 심지어 우리가 논의하기로 한 바로 그것들을 순수하게 경험할 수 없다는 점에서 우리는 가짜 질문에 가짜 대답을 하고 있는 것이나 마찬가지다.

신비주의에 관한 장은 흥미롭고, 여러분이 예상하는 것보다 좀 더 호의적이다. 나는 그 이유가 러셀 그 자신이 감정적으로 강렬한 경험을 여러 번 했고, 진짜 신비로운 경험이라고 여긴 것도 최소 한 차례 이상 한 바 있기 때문이라고 생각한다. 하지만 러셀은 신비주의가 일상적인 감각이나 생각을 넘어서거나 초월하는 앎의 차원으로 우리를 인도한다는 주장은 거부했다. 특히 이런 차원이 종교적 믿음의 신빙성을 높여준다는 주장을 배척했다. 그는 신비주의적 경험은 그것을 경험했다고 말하는 사람의 문화적 배경에 의해 오염되는 일이 자주 생긴다는 사실을 지적했다.(개신교의 신비주의자들 중 성모 마리아와 관련된 경험을 했다고 말하는 사람이 있는가?) 하지만 신비주의의 주장(예를 들면 시간을 초월해서 벌어지는 일)이 논리적인 조사를 통과할 수 없다는 것도 보여주었다.

우주에, 그리고 그것이 존재하는 데 어떤 궁극적 의미가 있다는 주장에 반박하는 '우주적 목적'은 아마 이 책에서 최고의

장일 것이다. 이 장에서 다루는 내용은 오늘날에도 타당하다. 더 나은 상태를 향한 진보라는 전망에 빅토리아 시대의 사람들만큼 열광하지 않을지라도 대다수의 사람들은 인간의 노력을 통해 넓게는 세계 전체, 좁게는 인간 사회를 의미 있게 만들 수 있으며, 개선해 나아가야 할 방향을 알 수 있으리라고 생각한다. 이것은 과학이 뒷받침하는 믿음이기도 하다. 스티븐 제이 굴드가 보여준 바와 같이, 생명체의 진화 과정에서 우리 인간이 만들어졌고, 내일은 훨씬 더 찬란할 거라는 확신이 없다면, 여러분은 진화에 관한 대중서를 집어 들지도 박물관에 가지도 않을 것이다. 다시 러셀의 논의로 돌아와 나는 그가 이런 행복한 희망에 찬물을 끼얹었다는 점을 지적하고 싶다. "내게 전능한 힘이 주어지고 수백만 년 동안 실험할 수 있게 해준다면, 변두리에서 발생한 마지막 우연에 불과한 인간에 대해 자랑할 거리가 그다지 많지는 않을 것 같다." 온갖 상스러운 소리가 난무하는 이 세기에 그 누가 이토록 비판적으로 대응할 수 있을까?

마지막으로 러셀은 과학과 윤리로 넘어간다. 그는 '정서 윤리론'을 주장한다. "살인은 옳지 않다"고 말할 때, 우리가 진짜로 말하려는 것은 "사실은 그렇다"거나 "사실은 그렇지 않다"가 아니다. "살인은 옳지 않다"는 말이, 예를 들어 "잔디는 초록색이다"라는 말과 유사하다고 여기면 안 된다. "잔디는 초록색이다"라는 말은 (사실이든 아니든) 잔디가 객관적으로 초록색

이라는 것을 의미한다. 윤리와 관련된 경우, 우리가 확실히 의미하지 않는 것은 "저 밖에서" 발견된 어떤 "사실과 분리된 옳지 않음"이며, 어떤 점에서 살인은 그것에 상응하거나 겹친다. "살인은 옳지 않다"고 말할 때 우리가 의미하는 것은 "나는 살인을 좋아하지 않는다"는 뜻인데, 이는 다른 사람들에게 하는 권고와 결합되어 있다. 다시 말해, 이는 "살인하지 마라!"와 같은 말이다.

나를 포함해 많은 사람이 이 이론에 심한 거북함을 느낄 것이다. 단지 옳지 않은 게 아니라 매우 부도덕하다는 느낌이 들 것이다. 살인은 실제로 옳지 않다. 그것의 사실 여부에 내가 관심이 있든 아니든 그렇다. 나치는 유대인을 죽이는 일이 옳지 않다고 생각하지 않았을지도 모르지만, 당시에도, 심지어 세계가 독일 국경에서 종말을 맞이했더라도 그것은 옳지 않았고, 지금도 옳지 않다. 다르게 생각하는 척한다면 그것은 당신이 도덕성이 결여된 사람임을 보여줄 뿐이다.

모든 문제를 다 풀 수 있으리라고 기대하지는 않지만, 그래도 정서론이 가진 여러 문제 중 하나는 언급하고 지나가야겠다. 도덕 진술이 무엇을 가리키건 사람들이 도덕 진술을 말할 때 의미하는 것은 우리가 잔디에 관해 말할 때 의미하는 것과 동일하게 일종의 객관적인 진술이라는 사실을 정서론은 무시한다는 점이다. 내가 "살인은 옳지 않다"고 말할 때 의미하는 것은 말 그대로 "살인은 옳지 않다"이다. 나나 여러분, 혹은

아돌프 히틀러가 다르게 생각하더라도 그렇다.

우리가 어디로 갈 것인지는 매우 복잡한 문제로, 내가 결코 답을 아는 척할 수 없는 문제이기도 하다. 도덕 진술이 가리키는 것이, 만약 그런 게 있다면 무엇이냐는 질문이 남아 있다. 하지만 이것은 내 관심사가 아니다. 내가 하려는 말은 앞으로 나아갈 방법이 없다는 게 아니라, 이 책에서 러셀이 더 나아가야 했는데도 나아가지 않았다는 것이다. 우리가 그의 생각과 행동을 아무리 도덕적이었다고 판단해도 그가 말하는 과학에 기초해서 볼 때 그는 타당한 이유를 전혀 제시하지 않았다.

러셀에게 반대하는 사람들이 옳았다거나 러셀이 생각하고 행동한 것들이 완전히 틀렸다는 말이 아니다. 심지어 그를 비판하는 사람들조차 러셀보다 도덕의 힘을 더 잘 보여준 사람은 없다는 점에는 동의할 수밖에 없을 것이다. 나는 그저 그의 사유가 불완전했다는 점을 지적할 뿐이다. 매우 흥미롭게도 러셀 자신도 이러한 지적을 인정했다. 제2차 세계대전을 경험하고 그 후 여러 차례 위협에 노출되면서 그는 도덕성의 객관적 토대를 부정하고 동시에 악에 대한 절대적 혐오를 이끌어낼 방법을 찾아내는 데 많은 시간을 보냈다.

이것이 『과학이란 무엇인가』가 다루는 내용이다. 이 책의 내용이 전부 옳다고 말하기는 어렵다. 하지만 모든 페이지가 우리의 지적 호기심을 자극한다. 글을 마치기 전에 내 주장을 어느 정도는 정당화하고 싶다. 이 책을 빠르게 일별하고 나면 러

셀의 종교 비판이 무디다는 인상을 받을 수도 있지만, 사실 러셀은 그 이상으로 복잡하고 흥미로운 인물이다. 먼저 이 책의 종반부에 주목해보자. 러셀은 현대 그리스도교와 기본적으로 생각을 같이한다. 나는 그가 다른 종교들로까지 자신의 생각을 확장했으며, 종교와 조화를 이루며 살아갈 방법들을 과학이 찾아낸 것으로 봤다고 생각한다. 러셀은 소비에트 공산주의와 독일 국가사회주의를 세속 종교로 보고 경고했다. 그리고 조화를 이루는 과정에서 종교가 일방적으로 대가를 치른 것처럼 보이지만, 서로 갈등을 겪고 있던 종교와 과학이 이제 적어도 대화는 나누는 관계가 되리라는 전망을 내놓았다. 러셀의 세상에는 심지어 교황 요한 바오로 2세의 처소가 마련되어 있을지도 모른다!

이제 나는 버트런드 러셀이 어떤 사람이었는지에 대해 말하려 한다. 그는 기나긴 삶의 여정 내내 성과 속을 초월해 거짓 신들을 무척 불편해했다. 심리적으로 끌린다는 이유로 일단 믿고 보는 일도 없었다. 맹목적인 운명에 굴복하지 않았으며 개인적인 관계들에 의미를 부여했다. 또한 우리에게 열려 있는 자연의 진리를 찾아내려 했다. 그는 자신의 동료인 인류를 열정적으로 돌봤다. 러셀은 삶의 철학을 스토아학파뿐만 아니라 모든 철학자들이 사랑해 마지않는 바로 그 사람, 그리고 본인이 특별한 애정을 표했던 바로 그 네덜란드의 합리주의자 바뤼흐 스피노자에게서 찾았다.

이 대목에서 나는 러셀이 어떤 종류의 자연신학에도 절대적인 거리를 유지하고, 과학이 제공해야 할 그 어떤 통찰도 감사히 받아들이는 정통 신학자에 매우 가까워 보이는 데 놀랐다. 그는 과학과 종교를 각기 다른 질문들을 다루는 서로 다른 언어들이라고 봤다. 이런 신학자들(이들 중 우리에게 가장 영감을 많이 준 학자는 쇠렌 키르케고르일 것이다)은 신앙에는 그 어떤 지적 토대도 없다는 사실을 믿음의 출발점으로 삼는다. 인간인 우리에게 가해진 저주는 우리가 신으로부터 떨어져 나와 소외되었으며, 경험 세계가 그 자체로 아무런 의미도 갖지 못한다는 점이다. 믿음은 부조리한 것이고 도약을 요구하지만, 바로 그런 점이 믿음을 믿음으로 만든다. 의미는 개인적인 관계들 속에서 나온다. 이는 유대계 철학자인 마르틴 부버가 '나-너'로 부른 관계들이지 과학의 '나-그것'의 관계들이 아니다.

러셀은 그런 식의 믿음의 도약 같은 걸 한 적이 없다. 그리고 내 생각에는 그가 맺은 진지한 관계들에도 불구하고 그는 그런 움직임에 가까이 다가간 적이 없었던 것 같다. 하지만 어떤 면에서는, 내가 앞에서 설명한 그런 유형의 사람이라면, 이 책이 묘한 도움이 되었을지도 모른다. 러셀의 논의는 이제 끝났다. 하지만 나에게는 이제 시작이다.

마이클 루스(과학철학자, 플로리다주립대학교 교수)

차례

1 — 세계를 이해하려는 두 시도

종교와 과학

앞으로 우리가 살펴볼 것은 종교나 과학 전반이 아니라, 오래전부터 오늘날까지 종교와 과학이 충돌하고 있는 지점들이다.

종교와 과학은 사회생활의 두 측면이다. 종교가 인간 정신의 역사와 관련해 우리가 알고 있는 시작점만큼이나 오래전부터 중요한 역할을 해왔던 데 비해 과학은 그리스인이나 아랍인 사이에서 간헐적으로 명멸해오다가 16세기에 이르러 갑자기 중요하게 떠올랐고, 점차 현재 우리가 살고 있는 세계의 사상과 제도의 틀을 만들어왔다. 종교와 과학은 오랫동안 갈등을 빚어왔는데, 그 해묵은 갈등은 최근 몇 년 전까지도 항상 과학의 승리로 끝이 났다. 그러나 과학이 제공하는 새로운 선교 활동 수단으로 무장한 새로운 종교가 러시아와 독일에서 부상하면서 과학의 시대가 시작되던 시기와 마찬가지로 승패는 혼돈에 빠져들고 말았고, 이에 따라 전통 종교가 과학 지식을 상대로 벌여온 싸움의 역사와 이유를 검토하는 일이 다시금 중요해졌다.

과학은 관찰이라는 수단과 그에 기초한 추론을 통해 먼저 세계에 관한 개별적 사실들을 발견하고 그것들을 연결시켜 (운이 좋다면) 미래의 일을 예측하는 법칙을 찾아내려는 시도다. 이러한 과학의 이론적 측면과 결부해 과학기술이 만들어진다. 과학 이전 시대에는 불가능했거나 적어도 훨씬 더 많은 대가를 치르고서야 누릴 수 있었던 편의용품이나 사치품을 만들어내는 데도 과학적 지식을 활용한다. 과학자가 아닌 사람들에게도 과학이 매우 중요한 의미를 갖는 것은 바로 과학의 이런 측면 때문이다.

사회적 측면에서 볼 때, 종교는 과학보다 복잡한 현상이다. 역사상 위대한 종교는 모두 세 가지 측면을 갖고 있었다. 교회, 교리, 개인의 도덕률이다. 이 세 요소의 상대적 중요성은 시대와 장소에 따라 크게 달라졌다. 그리스로마의 고대 종교는 스토아학파에 의해 윤리적 요소를 갖추기 전까지만 해도 개인의 도덕률과 관련해서는 별다른 말이 없었다. 이슬람교에서 사원은 세속의 군주에 비해 중요하지 않았고, 근대 개신교에는 교리의 엄격함을 느슨하게 하는 경향이 있었다. 그러나 이들 세 요소는 모두 그 비중에 차이가 있을지라도 사회 현상으로서 종교에 없어서는 안 될 것들이며, 이런 사회 현상이 바로 과학과 갈등을 일으켜온 본질적인 요소다. 전적으로 개인적인 종교라면 과학이 반증할 수 있는 주장을 피해가는 한, 과학이 압도하는 시대일지라도 아무런 방해도 받지 않고 생존할 수 있기는 하겠지만 말이다.

교리는 종교와 과학 사이에 발생하는 갈등의 지적 원천이지만, 사실 이 격렬한 대립은 교리와 교회의 관계, 교리와 도덕률의 관계 때문에 생겨났다. 교리에 의문을 제기하는 사람들은 성직자들의 권위를 약화하고, 수입을 감소시켰다. 더욱이 도덕적 의무라는 것은 성직자들이 교리를 토대로 도출해낸 것이니만큼, 이들은 도덕을 갉아먹는 자들로도 여겨졌다. 따라서 성직자들만큼이나 세속의 통치자들에게도 과학자들의 혁명적 가르침은 두려워할 만한 충분한 이유가 있었다.

앞으로 우리가 살펴볼 것은 과학이나 종교 전반이 아니라 과거에, 그리고 현재까지도 그 둘이 갈등을 일으켰거나 일으키고 있는 지점들이다. 그리스도교 세계에 관한 한 이런 갈등은 두 가지로 요약할 수 있다. 성경에는, 예를 들면 토끼가 되새김질한다는 식의 사실 문제에 관한 주장들이 이따금 등장한다. 그러한 주장이 과학적 관찰로 반박되는 일이 생기면, 과학으로 인해 다르게 생각할 수밖에 없게 될 때까지 대부분의 그리스도교 신자들이 그러했듯, 성경의 모든 말씀이 하나님의 영감을 받아 쓰였다고 믿는 사람들은 곤혹스러워할 수밖에 없다. 그러나 관련된 성경의 주장이 종교적으로 볼 때 본질적으로 중요하지 않다면 해명하거나 논란을 피해가는 것은 그다지 어려운 일이 아니다. 성경은 종교나 도덕률의 문제에 대해서만 권위가 있다는 식으로 종결지으면 되기 때문이다. 그러나 과학이 그리스도교의 어떤 중요한 교리, 혹은 신학자들이 자신들의 정통성에 필수적이라고 믿는 어떤 철학적 이론을 반박하는 경우에는 심각한 갈등이 발생한다. 광범위하게 말하자면, 종교와 과학 사이의 의견 충돌은 처음에는 전자의 형태였지만 차츰 그리스도교적 가르침의 핵심으로 여겨지거나 여겨졌던 부분들로 범위가 확대되어갔다.

현대 종교인들은 중세식 그리스도교 교리는 대부분 불필요하며, 더 나아가 종교 생활에 방해물이 된다고까지 느낀다. 그러나 과학이 직면한 반대를 이해하고 싶다면, 그런 반대를 합

리적으로 보이게 만들어주는 관념 체계를 이해할 수 있도록 상상력을 발휘해 그 속으로 들어가봐야만 한다. 어떤 사람이 사제에게 살인하지 않아야 되는 이유를 물어보았다고 가정해 보자. 이때 "당신이 교수형에 처해질 것이기 때문입니다"라는 대답은 적절치 않다. 왜냐하면 교수형 그 자체에 대한 정당화도 필요하지만, 경찰의 수사 방식에 문제가 있어 살인자가 처벌을 피해가는 일이 비일비재하기 때문이다. 그런데 과학이 융성하기 전까지만 해도 모든 사람을 만족시킬 만한 답이 하나 있었다. 시나이 산에서 하나님이 모세에게 내려준 십계명 중 살인을 금지한다는 것이 그 답이었다. 십계명에 따르면, 세속의 정의를 교묘히 피해 나간 범죄자라도 하나님의 분노는 피할 수 없다. 살인을 저지르고도 뉘우칠 줄 모르는 자는 교수형보다 훨씬 무시무시한 형벌을 받게 되며, 이 모든 것은 하나님이 이미 결정해놓았다는 것이다. 그러나 이러한 주장은 성경의 권위에 의존하므로 성경 전체가 온전하게 받아들여지는 경우에만 효력을 발휘한다. 성경에 지구가 움직이지 않는다고 나온다면, 갈릴레오가 그 어떤 주장을 하더라도 신자들은 성경의 말씀을 믿어야만 한다. 만약 그렇게 하지 않는다면, 그것은 살인자나 여타 모든 악인을 고무하는 셈이 되고 말기 때문이다. 물론 현재 이런 주장을 받아들일 사람은 극소수에 불과할 테지만, 그것을 우스꽝스러운 주장이라고만 여겨서도, 그것을 받아들이는 사람들을 도덕적으로 비난해서도 안 된다.

교육 받은 중세인들의 견해에는 지금은 찾아보기 어려워진 어떤 논리적 통일성이 있었다. 과학의 공격을 피해갈 수 없었던 교리의 대표자로 토마스 아퀴나스를 들 수 있다. 그는 그리스도교의 기본적 진리 중 일부는 계시의 도움 없이 이성만으로도 입증할 수 있다고 주장했다. 그의 견해는 지금도 여전히 가톨릭교회의 견해로 유지되고 있다. 전능하고 자애로운 창조주의 존재 역시 그중 하나다. 그분은 전능하고 자애로우시니, 당신의 피조물들이 당신의 섭리에 대한 지식, 즉 당신의 명령을 따르는 데 필요한 정도의 지식도 없이 지내도록 내버려두지 않을 것이라는 결론이 뒤따른다. 따라서 신의 계시는 분명히 존재하며, 그것은 성경과 교회의 결정 안에 명확하게 포함되어 있다. 이 주장이 성립되면, 우리가 알아야 할 나머지 모든 것들은 성경과 공의회의 성명을 통해 추론해낼 수 있다. 이 모든 주장은 그리스도교 국가의 거의 모든 사람이 이미 받아들이고 있는 전제들로부터 연역되는 것이므로, 독자들에게는 이러한 주장에 결점이 있어 보일지 몰라도 당시만 해도 학식 있는 사람들조차 그러한 오류를 분명하게 인식하지 못하는 경우가 대부분이었다.

그런데 논리적 통일성은 강점이면서 동시에 약점이 된다. 논리적 통일성이 강점이 되는 것은 논의의 한 단계를 받아들인 사람이라면 누구든 이후의 모든 단계를 받아들이지 않을 수 없기 때문이다. 마찬가지로 나중 단계의 어떤 것을 거부하

는 사람은 앞선 단계의 일부를 거부하지 않을 수 없다는 면에서 약점이 된다. 교회는 과학과의 대립에서 교리의 논리적 일관성으로 인한 힘과 약점을 모두 보여주었다.

과학이 믿음에 도달하는 방식은 중세 신학의 그것과는 현저히 다르다. 일반적인 원리에서 출발해 연역적으로 진행되는 방식은 그 원리들이 참이 아닐 수도 있고, 또 그것들이 기초한 추론에 오류가 있을 수도 있으므로 위험하다는 것이 경험적으로 이미 밝혀졌다. 과학은 커다란 가정에서 출발하는 것이 아니라 관찰이나 실험으로 발견된 특정 사실에서 출발한다. 그런 수많은 사실로부터 일반 법칙들이 도출되는데, 그것이 참이라면 문제의 그 사실들은 그 일반 법칙들의 실례가 된다. 하지만 이 법칙들은 적극적으로 주장되는 것은 아니고 일단 작업가설로만 받아들여진다. 만약 이 가설이 옳다면, 지금까지 관찰되지 않은 어떤 특정한 현상이 특정한 어떤 상황에서 발생할 것이다. 만약 그런 현상이 실제로 일어난다면, 그 가설은 그만큼 확실해진다. 그리고 만약 특정한 현상이 발생하지 않는다면 그 가설은 폐기하고 새로운 가설을 고안해야 한다. 가설에 맞는 사실이 아무리 많이 발견되더라도 그로 인해 개연성이 높아질 수는 있지만 가설이 완전히 확실해지는 것은 아니다. 그럴 경우엔 가설이 아니라 이론이라고 불러야 한다. 각각의 사실에 직접적으로 기반해 구축된 수많은 이론은 만약 참이라면 새롭고 더 일반적인 가설들이 도출될 수 있는 토

대가 된다. 이 일반화 과정에는 그 어떠한 한계도 설정될 수 없다. 이에 비해 중세적 사고에서는 가장 일반적인 원리들이 출발점이 되었지만, 과학에서는 그것들이 최종적인 결론이다. 여기서 최종적이라는 말은 나중 단계에 가서는 좀 더 광범위한 법칙들의 실례에 불과해질지라도 특정 시점에서는 그렇다는 뜻이다.

종교적 교리는 과학적 이론과 달리 영원하고 절대적으로 확실한 진리를 구현할 것을 요구한다. 반면에 과학은 언제나 잠정적이고, 현재의 이론은 조만간 수정이 필요하며, 자신의 방법으로 완전하고 최종적인 설명에 도달하는 것이 논리적으로 불가능하다는 점을 잘 인식하고 있다. 그러나 과학의 발전에 필요한 변화라는 것도 사실은 약간 더 높은 수준의 정확성일 뿐이다. 낡은 이론은 대략적인 근사치가 연관된 경우에만 효용성이 유지되다가 더 정밀하게 관찰할 수 있는 방법이 생겨나면 효용 가치를 잃는다. 낡은 이론에 따라 제시된 기술적 발명들은 그것이 어떤 특정 시점까지는 일종의 실제적 진실이었다는 증거로 남는다. 그렇게 과학은 절대적 진리를 탐구하는 일을 포기하고 '기술적' 진리라고 불릴 수 있는 것으로 대체할 것을 독려한다. '기술적' 진리는 발명하거나 미래를 예측하는 데 잘 적용되는 이론이라면 그 어떤 이론이든 다 가지고 있는 속성이다. '기술적' 진리에서 가장 중요한 것은 정도程度다. 즉 발명과 예측을 더 성공적으로 해내는 이론이 그보다 성과물이

덜한 이론보다 더 참된 이론이다. '앎'은 우주를 비추는 정신적 거울이 되기를 멈추고 단순히 물질을 다루는 실용적 도구로 전락한다. 그러나 과학적 방법이 암시하는 이런 의미들은 과학의 초창기 선구자들의 눈에는 보이지 않았고, 따라서 진리를 탐구하는 새로운 방법을 실천했음에도 불구하고 자신들의 반대편에 섰던 신학자들이 그러했듯 진리 그 자체는 절대적인 것으로 간주했다.

과학에 대한 중세인의 관점과 현대인의 관점에서 드러나는 중요한 차이 중 하나는 권위의 문제와 관련되어 있다. 스콜라 철학자들에게 성경, 가톨릭 신앙의 교리, 그리고 (이와 거의 동등한 정도로) 아리스토텔레스의 가르침에는 의심의 여지가 전혀 없다. 독창적인 사고는 물론 심지어 사실조차도 사변적 대담성이라는 이 불변의 경계가 그어놓은 한계를 절대 넘어서서는 안 된다. 이들에게는 대척지에 사람이 사는지, 목성에 위성이 있는지, 물체의 낙하 속도가 질량에 비례하는지 여부도 관찰이 아니라 아리스토텔레스와 성경에 근거한 추론으로 결정해야 할 문제였다. 신학과 과학 사이의 갈등은 권위와 관찰 사이의 갈등과 유사했다. 과학자들은 권위 있는 사람이 어떤 명제를 참이라고 말한다는 이유만으로 그것을 믿으라고 요구하지 않았다. 반대로 그들은 감각의 증거에 호소하고, 필요한 관찰을 하기로 마음먹은 모든 사람에게 열려 있는 사실들에 근거한다고 믿을 수 있는 교리들만 주장했다. 새로운 방법은 이

론적으로도 실제적으로도 대성공을 거뒀다. 그에 따라 신학은 차차 과학에 순응할 수밖에 없었다. 성경의 불편한 구절들은 우의적이거나 비유적으로 해석되었다. 신교도들은 종교적 권위의 자리를 처음에는 교회와 성경 가운데 성경만으로, 그리고 이어서 개인의 영혼으로 옮겼다. 이들은 종교 생활이란 사실과 관련된 문제, 예를 들면 아담과 이브가 역사적으로 실존했느냐 같은 문제에 대한 언명에 의존하지 않는다는 점을 서서히 인식하기 시작했다. 그리하여 종교는 외보外堡는 포기하고 성채를 안전하게 지키는 방법을 찾아 나섰다. 이것이 성공할지 성공하지 않을지는 두고 봐야 했지만 말이다.

그러나 종교 생활에는 또 다른 측면이 하나 있다. 아마도 그것은 가장 바람직한 측면일 텐데, 과학의 발견과는 무관하며 우리가 우주의 본질에 대해 무엇을 믿게 되건 살아남을 측면이다. 종교는 교리나 교회뿐만 아니라 그것들을 중시하는 사람들의 개인적인 삶과 관계를 맺어왔다. 최고 성인과 신비주의자들에게는 특정 교리에 대한 믿음과 삶의 목적에 대한 특정한 느낌의 방식이 함께 존재했다. 인간의 운명과 관련된 문제들, 인류의 고통을 줄이고 싶다는 갈망, 미래에는 우리 인간이 지닌 최고의 잠재력이 실현되리라는 희망을 마음속 깊이 간직한 사람들을 오늘날에는 종교적인 생각을 가진 사람들이라고 말한다. 이들이 전통적인 그리스도교를 거의 받아들이지 않는다 할지라도 말이다. 종교가 일련의 믿음이 아니라 느낌

의 방식 안에서 성립하는 이상, 과학이 이에 대해 왈가불가할 순 없다. 교리의 붕괴는 심리학적으로 볼 때, 그런 느낌을 갖는 것을 일시적으로 어렵게 만들지도 모른다. 왜냐하면 그런 느낌은 신학적 믿음과 매우 긴밀하게 연결되어 있기 때문이다. 그러나 이 같은 어려움을 영원히 감수할 필요는 없다. 실제로 많은 자유사상가들이 이런 방식의 느낌이 교리와 본질적으로 관련 없다는 것을 자신들의 삶을 통해 이미 보여주었기 때문이다. 진정 훌륭한 것이 근거 없는 믿음 따위와 결부되어야 할 필요는 그 어디에도 없다. 그리고 만약 신학적 믿음에 근거가 없다면 그런 믿음은 종교적으로 옳은 것을 지켜 나가는 데 반드시 필요한 것들이 될 수 없다. 그렇지 않다고 생각하는 것은 앞으로 우리가 발견하게 될지도 모를 무언가에 대한 두려움에 빠지는 일을 뜻하며, 세계를 이해하려는 우리의 시도에 방해가 될 것이다. 그러나 참된 지혜를 얻기 위해서는 이 점을 분명하게 이해해야만 한다.

2 — 과학의 이름으로 벌어진 첫 번째 전투

코페르니쿠스 혁명

신학과 과학 사이에 벌어진 최초로 주목할 만한 갈등은 지금 우리가 태양계라고 부르는 것의 중심이 지구인가 태양인가를 둘러싼 천문학적인 논쟁이었다.

신학과 과학 사이에 벌어진 최초의, 그리고 어떤 면에서는 가장 악명 높은 전투는 오늘날 우리가 태양계라고 부르는 것의 중심이 지구인지 태양인지를 두고 벌어진 천문학적 논쟁이다. 이에 관한 정통 이론은 프톨레마이오스 설로, 지구는 우주의 중심에 정지해 있고 태양과 달, 행성과 항성계가 각각 자신의 고유한 영역 내에서 지구 주위를 돌고 있다고 봤다. 새로운 이론, 즉 코페르니쿠스 설에 따르면 지구는 정지해 있기는커녕 이중 운동을 한다. 즉 자신의 축을 중심으로 회전하며 1년에 한 번씩 태양 주위를 돈다.

이른바 코페르니쿠스 설은 16세기에 완전히 새롭게 획기적으로 등장한 것처럼 보이지만, 사실은 천문학 분야에서 탁월한 두각을 보인 그리스인들이 이미 고안해냈던 이론이다. 이 이론을 강력하게 옹호한 피타고라스학파는 창시자인 피타고라스에게 그 공을 돌렸지만, 사실인지 아닌지는 역사적으로 증명된 바 없다. 지구가 움직인다고 가르친 것이 분명하게 입증된 최초의 철학자는 기원전 3세기에 살았던 사모스의 아리스타르코스다. 그는 여러 면에서 주목할 만한 사람이었다. 비록 관측 과정에서 빚어진 오류들 때문에 정확한 결과를 얻어내지는 못했지만, 태양과 달의 상대적 거리를 알아낼 수 있는 이론적으로 타당한 방법을 고안해내기도 했다. 갈릴레오처럼 그도 불경하다는 오명을 뒤집어쓰고, 스토아학파 학자인 클레안테스의 비난을 받기도 했다. 그러나 편견 덩어리, 고집불통

들이 정부에 별로 영향력을 발휘하지 못하던 시대에 산 덕에 그토록 맹렬한 규탄 속에서도 그는 아무런 해를 입지 않았다.

덕분에 기하학에 대단한 재능이 있었던 그리스인들은 몇몇 문제를 과학적으로 증명해내는 데 성공했다. 그들은 일식과 월식의 원인을 알아냈으며, 달에 드리우는 지구의 그림자 모양을 보고 지구가 구球라는 것을 추론해냈다. 아리스타르코스보다 조금 후대의 인물인 에라토스테네스는 지구의 크기를 추정하는 방법을 발견해냈다. 그러나 그리스인들은 역학의 기본조차 알지 못했고, 그래서 지구의 운동과 관련해 피타고라스학파의 학설을 옹호하는 사람들조차도 자신들의 견해를 입증하는 데 도움이 될 만한 강력한 논증을 발전시킬 수 없었다. 서기 130년경 프톨레마이오스는 아리스타르코스의 견해를 거부하고, 지구를 우주의 중심에 세워 그 특권적 지위를 회복시켰다. 고대 후기와 중세 시대 내내 사람들은 그의 견해에 아무런 의문도 제기하지 않았다.

코페르니쿠스(1473~1543)는 그의 이름을 딴 코페르니쿠스 체계라는 말이 생길 정도로 큰 영예를 누렸지만, 실제로 그럴 만한 자격이 있는지는 사실 의문이다. 그는 크라쿠프 대학에서 공부한 뒤 젊은 나이에 이탈리아로 가 1500년 로마에서 수학 교수가 되었다. 그러나 3년 후 폴란드로 돌아와 화폐 개혁에 참여하고 튜턴 기사단과의 전투에도 참전했다. 1507~1530년 그는 틈틈이 『천구의 회전에 관하여』를 집필했는데, 정작

책은 1543년 그가 세상을 뜨기 직전에야 출판됐다.

코페르니쿠스의 이론은 더 큰 발전을 만들어낸 상상력의 결실로 중요한 의미를 지니나, 그 자체로는 아직 많이 불완전했다. 오늘날 우리가 알고 있듯 행성은 태양 주위를 돌지만 원이 아니라 타원을 그리며 돌고, 태양 역시 원의 중심이 아니라 타원의 초점들 중 하나에 자리하고 있다. 그러나 코페르니쿠스는 행성들의 궤도가 원이어야 한다는 견해에 집착했고, 태양이 그 궤도 가운데 어느 하나의 정확한 중심에 있지 않다는 가정을 세워 불규칙성을 설명했다. 이로 인해 프톨레마이오스 체계와 비교해 크나큰 장점이었던 단순성이 부분적으로 훼손되었다. 후에 케플러에 의해 교정되지 않았다면 뉴턴의 일반화 작업은 불가능했을지도 모른다.

코페르니쿠스는 자신의 핵심 주장을 아리스타르코스가 이미 가르친 바 있다는 것을 알고 있었다. 이탈리아에서 고전 연구가 부흥한 덕분에 얻은 지식이었다. 고대를 향해 무한한 존경을 표하던 시대적 분위기 속에서 알게 된 이 한 조각 지식이 없었다면, 자신의 이론을 발표할 용기를 내지 못했을지도 모른다. 사실 그는 그리스도교의 검열이 두려운 나머지 오랫동안 출판을 유예했다. 그는 성직자였기에 이 책을 교황에게 헌정했는데, 출판인인 안드레아스 오지안더는 지구가 움직인다는 이론이 오직 하나의 가설로서만 제시된 것이지 확정된 진실로 주장된 것은 아니라는 내용이 담긴 서문을 덧붙였다.(코

페르니쿠스의 동의를 받지는 않았을 것이다.) 이 전략은 한동안 먹혔다. 코페르니쿠스가 소급해서까지 공식적인 비난을 받게 된 건 갈릴레오의 대담한 도전 이후의 일이다.

처음에는 신교 쪽이 구교 쪽보다 더 심하게 반응했다. 루터는 "사람들이 하늘이나 창공, 태양과 달이 아니라 지구가 회전한다는 걸 보여주려고 애쓰는 건방진 점성술사의 말에 솔깃하고 있다. 똑똑해 보이고 싶다면 누구든 뭔가 새로운 체계, 그중에서도 가장 훌륭한 체계를 고안해내야만 하는 법이다. 이 멍청이는 천문학 전체를 뒤엎고 싶어 한다. 그러나 성경에는 여호수아가 멈춰 있으라고 명령한 것이 지구가 아니라 태양이라고 나온다"고 말했다. 필리프 멜란히톤도 마르틴 루터만큼이나 단호했고, 장 칼뱅 역시 마찬가지였다. 그는 "세계는 견고히 서서 흔들리지 아니한다"는 「시편」 93장 1절을 인용한 후 기세등등하게 결론 내렸다. "코페르니쿠스의 권위를 성령의 권위보다 더 높은 곳에 두려는 자가 감히 누구란 말인가?" 꽤 후대인 18세기 인물 존 웨슬리마저도 그들만큼 단호하게 나서지는 않았지만 아무튼 천문학의 새로운 이론이 "이단적 경향을 띠고 있다"고 말했다.

이와 관련해 나는 어떤 면에서는 웨슬리가 옳다고 생각한다. 인간의 중요성은 구약과 신약 둘의 가르침 모두에서 본질적인 가르침이다. 신이 우주를 창조한 목적은 기본적으로 인간과 관련된 것처럼 보인다. 만약 인간이 피조물들 가운데 가장 중

요한 존재가 아니라면 현현이나 속죄와 관련된 교리는 개연성이 없어 보일 것이다. 사실 코페르니쿠스의 천문학에는 우리가 우리 자신에 대해 생각하는 것보다 덜 중요하다는 사실을 증명할 내용이 아무것도 없지만, 우리가 살고 있는 행성이 우주의 중심에서 강제로 쫓겨날 수도 있음을 알게 되면 사람들은 자신들도 강제로 쫓겨나는 게 아닌지 상상하게 될 것이다. 반면 태양과 달, 행성과 항성이 지구 둘레를 하루에 한 번씩 회전한다고 생각하면 그것들이 우리를 위해 존재하며 우리 자신이 창조주의 특별한 관심을 받고 있다고 생각하기가 좀 더 쉽다.

하지만 코페르니쿠스와 그의 계승자들이 회전하는 것은 우리 자신이며 별들은 우리 지구에 눈길조차 주지 않는다고 세상을 설득했을 때, 행성 중에는 우리 지구보다 큰 것도 있고 심지어 그런 행성조차도 태양에 비해서는 작다는 것이 드러났을 때, 태양계와 우리 은하가 얼마나 광대한지 알게 되었을 때, 마지막으로 무수한 은하로 이루어진 우주가 얼마나 광대한지 계산식과 망원경을 통해 밝혀졌을 때, 전통 신학의 주장대로 우리 인간이 우주적으로 중요한 존재라면 이토록 외지고 구석진 피난처가 인간의 거처일 리 없다는 의심이 점점 더 커져갔다. 단순히 크기만 따져보아도 우리가 우주의 목적일 수 없다는 생각이 들게 되었다. 하지만 좀처럼 사그라지지 않는 자존심은 우리가 우주의 목적이 아니라면 목적 같은 건 애초부터 없

었을지도 모른다고 우리에게 속삭였다.

내가 말하려는 바는 이런 반성들에 어떤 설득력이 있다거나 코페르니쿠스 체계로 인해 그런 반성들이 한꺼번에 광범위하게 생겨났다는 것이 아니다. 내가 말하려는 바는 코페르니쿠스 체계가 마음속에 그런 생각을 품고 있던 사람들을 자극했을 가능성이 크다는 것이다.[1] 구교든 신교든 그리스도교가 똑같이 새로운 천문학에 적대감을 느끼고, 그것을 이단으로 낙인찍을 근거를 찾아 나선 것은 결코 놀라운 일이 아니다.

천문학에서 그다음으로 중요한 발걸음을 내딛은 이는 요하네스 케플러(1571~1630)다. 그는 갈릴레오와 같은 견해를 취했지만, 교회와 전혀 충돌하지 않았다. 반대로 가톨릭 당국자들은 그의 과학적 명성을 빌미로 신교도적 성향을 눈감아주었다.[2] 그가 교수 생활을 했던 그라츠 시가 신교에서 벗어나 구교의 지배를 받게 되자 신교 교사들은 축출됐다. 그 역시 피신했지만, 예수회의 비호 아래 복권될 수 있었다. 케플러는 튀코 브라헤가 맡았던 황제 루돌프 2세의 '황실 수학자' 직을 승계해 그의 귀중한 천문학 기록들을 물려받았다. 공식적인 직위에만 기대고 있었다면 그는 어쩌면 굶어 죽었을지도 모른다. 봉급이 높게 책정되었지만 실제로 지급되지는 않았기

1 예를 들면 조르다노 브루노는 종교재판소 감옥에 7년 동안 갇혀 있다가 1600년 산 채로 화형 당했다.

2 어쩌면 점성술과 관련된 그의 공헌을 황제가 높이 평가한 덕분일 수도 있다.

때문이다. 하지만 그는 천문학자이기도 했지만 점성술사이기도 했다. 그의 점성술은 아마도 꽤 믿을 만했던 모양이다. 그는 황제와 여타 유력 인사들에게 별점을 쳐주고 현금을 요구할 수 있었다. 케플러는 사람들의 마음을 무장해제 시킬 만큼 솔직한 태도로 "모든 동물에게 생존 수단을 제공해온 자연은 점성술을 천문학의 보조자이자 동맹자로 주었다"고 말했다. 점성술은 그에게 생계의 원천이었다. 그는 끊임없이 자신의 빈곤한 생활을 불평했지만, 죽고 나서 그가 빈곤과는 한참 거리가 있었음이 밝혀졌다. 물론 천궁도가 그의 유일한 생계 수단은 아니었다. 우리는 그가 부유한 상속녀와 결혼했음을 감안해야 한다.

케플러는 지적으로 매우 특이한 사람이었다. 그가 처음 코페르니쿠스의 가설에 호감을 갖게 된 데는 합리적인 동기 못지않게 태양 숭배 사상도 큰 몫을 했다. 세 가지 법칙을 발견하는 힘든 과정에서 그를 이끈 것은 수성, 금성, 화성, 목성, 토성 등 다섯 개의 행성과 다섯 개의 정다면체 사이에 반드시 모종의 연관 관계가 있을 거라는 기상천외한 가설이었다. 이것은 극단적인 예이기는 하지만, 참이며 중요하다고 밝혀진 이론들이 발견자의 머릿속에서 처음에는 완전히 조악하고 터무니없는 아이디어로 떠오른 경우를 우리는 심심찮게 찾아볼 수 있다. 실제로 올바른 가설을 세우는 일은 매우 어렵다. 과학이 발전하는 과정에서 가장 중요한 역할을 하는 이 단계에 돌입

하는 것을 쉽게 해주는 비결 따위는 존재하지 않는다. 새로운 가설을 만들어내기 위해 계획을 짜는 등 어떤 방법을 동원하든, 어느 것 하나 유용하지 않은 것은 없다. 만약 그 방법을 확고하게 믿기만 한다면, 탐구자는 아무리 많은 가능성이 폐기되더라도 인내심을 갖고 새로운 가능성들을 끊임없이 시험해 나갈 것이다.

케플러 역시 그랬다. 그의 최종적인 성공, 특히 세 번째 법칙은 믿을 수 없을 정도의 인내심이 만들어냈다. 그러나 그의 참을성은 정다면체와 연관된 무언가가 반드시 어떤 단서를 제공해줄 것이고, 행성들은 회전 운동을 통해 태양의 영혼만이 들을 수 있는 '천체의 음악'을 만들어낸다는 신비스러운 믿음에 기인한 것이었다. 그는 태양이 신성한 영혼을 가진 물체라는 생각에 사로잡혀 있었다.

케플러의 첫 두 법칙은 1609년 발표됐고, 세 번째 법칙은 1619년 발표됐다. 태양계에 대해 우리가 알고 있는 일반적인 생각에 비추어볼 때, 이들 세 가지 법칙 중 가장 중요한 것은 제1법칙이다. 바로 행성들이 타원을 이루며 태양 주위를 돌고 있고, 태양은 그 타원의 한 초점을 차지하고 있다는 것이다.(타원을 그리려면 2~3센티미터 간격을 두고 종이에 핀 두 개를 고정한 후, 길이가 5~6센티미터 정도 되는 실의 양끝을 핀에 묶는다. 그런 다음 실을 팽팽하게 당긴 채 호를 그리면 그 점들의 궤적은 타원을 이루는데, 이때 두 핀이 타원의 초점이 된다. 즉 타원은 한 초점으로부터의 거리에

다른 한 초점으로부터의 거리를 더한 값이 항상 일정한 점들로 이루어진다.) 그리스인들은 처음에는 모든 천체가 원형으로 움직인다고 가정했는데, 그것은 원이 가장 완벽한 곡선이기 때문이었다. 이 가설이 제대로 들어맞지 않는다는 것을 알고 나서 그들은 행성들이 '주전원周轉圓'을 그리며 움직인다는 견해를 채택했다. 주전원이란 그 자체가 하나의 원으로 움직이는 하나의 점 주위를 도는 또 다른 원들을 말한다.(주전원을 그리려면 커다란 바퀴를 바닥에 놓은 다음, 그보다 작고 가장자리에 못이 하나 달린 바퀴를 준비해 그것을 커다란 바퀴 둘레를 따라 돌린다. 이때 바닥에 생긴 못 자국이 바로 주전원이다. 만약 지구가 태양 주위를 원을 그리며 돌고 달이 지구 주위를 원을 그리며 돈다면, 이 경우 달은 태양 주위에 주전원을 그리며 움직이는 것이 된다.) 그리스인들은 타원에 대해 많은 것을 알고 있었고, 또 그것의 수학적 성질을 자세하게 연구했음에도 천체들이 원 혹은 원들의 조합이 아닌 다른 그 어떤 형태로 움직일 수 있다는 것을 결코 떠올리지 못했다. 왜냐하면 그들의 미적 감각이 그들의 사변을 압도하고 있어서 가장 균형 잡힌 가설 말고는 다른 가설을 받아들일 수 없었기 때문이다.

스콜라 철학자들은 그리스인들의 편견을 그대로 물려받았다. 이러한 편견에 감히 처음으로 반기를 든 이는 케플러였다. 미적 감각에서 비롯된 선입관은 도덕적 혹은 신학적 선입관만큼이나 사람들을 호도한다. 따라서 이것만으로도 케플

러를 그 누구보다도 중요한 혁신가로 평가할 만한 이유는 충분하다. 그의 세 법칙은 과학의 역사에서 또 다른 중요한 자리를 차지하는데, 그 법칙들을 토대로 뉴턴이 중력 법칙을 증명할 수 있었기 때문이다.

케플러의 법칙들은 중력의 법칙과 달리 전적으로 서술적이다. 그의 법칙들은 행성들이 왜 그렇게 움직이는지에 대해 아무런 원인도 제시하지 않는다. 단지 관측 결과를 요약할 수 있는 가장 단순한 공식만을 제시할 뿐이다. 행성들이 지구 주위를 도는 것이 아니라 태양 주위를 돌며, 외견상으로 보이는 하늘의 일주운동이 실제로는 지구의 자전 때문이라는 이 이론의 유일한 장점은 이때까지만 해도 서술의 단순성뿐이었다. 그러나 17세기 천문학자들은 그 법칙들에 단순성 이상의 그 무엇이 있다고 생각했다. 그들에게는 지구가 '실제로' 자전하고 행성들이 '실제로' 태양 주위를 도는 것처럼 '보였다'. 이러한 견해는 뉴턴의 연구로 더욱 강화되었다. 그러나 모든 운동은 상대적인 것이므로 우리는 지구가 태양 주위를 돈다는 가설과 태양이 지구 주위를 돈다는 가설을 구별할 수 없다. 이 둘은 A가 B와 결혼했다고 말하는 것과 B가 A와 결혼했다고 말하는 것처럼 같은 현상을 다른 방식으로 서술하는 것에 지나지 않는다. 그러나 더 자세히 연구해 나가다 보면 코페르니쿠스의 서술 방식에서 드러나는 더 큰 단순성이 얼마나 중요하게 다가오는지, 제정신인 사람이라면 그 누구도 지구가 고정

되어 있다고 상정함으로써 생기는 복잡한 문제를 짊어지려 하지 않을 것이다. 우리는 열차가 에든버러로 간다고 말하지 에든버러가 열차로 간다고 말하지 않는다. 아무런 지적 오류도 범하지 않고 후자처럼 말할 순 있지만, 그러려면 모든 마을과 들판이 선로를 따라 갑자기 남쪽으로 달려 나가기 시작하고, 이어서 열차만 빼고 지구 위의 모든 것들이 그러기 시작한다고 가정해야만 한다. 이러한 가정은 논리적으로는 가능하지만 불필요하게 복잡한 일이다. 이와 마찬가지로 프톨레마이오스의 가설 안에서는 행성의 일주운동이 자의적이고 목적성이 결여된 것이기는 하지만, 이것에도 지적 오류는 없다. 그러나 케플러, 갈릴레오, 그리고 그들의 반대론자들은 운동의 상대성을 인식하지 못했기 때문에 그들에게 이 문제의 쟁점은 서술의 편의성이 아니라 객관적 진리의 문제로 비쳤다. 그리고 이러한 오류는 당시 천문학이 발전하는 데 필요한 자극이었다고도 할 수 있다. 왜냐하면 천체의 상태를 지배하는 법칙들은 코페르니쿠스의 가설이 도입한 단순화가 아니면 결코 발견되지 못했을 것이기 때문이다.

갈릴레오 갈릴레이(1564~1642)가 당대 과학계에서 가장 유명한 인사가 된 데에는 그 자신이 발견한 것들뿐만 아니라 종교재판소와 빚은 갈등도 한몫했다. 가난한 수학자였던 그의 아버지는 자식의 관심을 좀 더 돈이 되는 학문 쪽으로 돌리기 위해 최선을 다했다. 아버지의 이런 노력 덕분에 어린 시절 갈

릴레오는 수학이라는 과목이 있는지조차 몰랐다. 열아홉 살이 되던 해 갈릴레오는 우연히 어깨너머로 기하학 강의를 듣게 되었다. 그 순간 기하학은 그를 사로잡았고, 그에게 금단의 열매 같은 매력으로 다가왔다. 교사들이 이런 사건의 교훈을 지금까지도 간과하고 있다는 것은 매우 안타까운 일이다.

갈릴레오의 큰 장점은 실험적·기계적 기술뿐만 아니라 그 결과물을 수학공식으로 구체화하는 능력을 겸비했다는 점이다. 물체의 운동을 지배하는 역학 연구는 사실상 그로부터 시작되었다. 그리스인들은 정역학, 즉 평형 법칙을 연구했다. 그러나 운동 법칙, 특히 속도가 변화하는 운동 법칙은 그들뿐만 아니라 16세기 사람들조차 완전히 잘못 알고 있었다. 무엇보다도 그들은 운동하는 물체를 혼자 내버려두면 운동을 멈출 것이라고 생각했지만, 갈릴레오는 반대로 외부의 영향을 전혀 받지 않는다면 물체는 일정한 속도로 직선 운동을 계속한다는 것을 입증해냈다. 달리 말해, 물체의 운동이 아니라 방향이든 속도든 혹은 그 둘 다든 운동의 '변화'를 설명하기 위해서는 반드시 환경 조건을 고려해야만 한다고 봤다. 운동의 속도나 방향의 변화를 '가속도'라고 한다. 따라서 물체가 왜 그렇게 움직이는가를 설명하는 과정에서 외부로부터 힘이 가해졌음을 보여주는 요소는 속도가 아니라 가속도다. 이러한 원리를 발견한 것은 역학에서 결코 건너뛸 수 없는 첫 단계였다.

그는 낙하하는 물체에 관한 자신의 실험 결과를 설명하는

데 이 원리를 적용했다. 아리스토텔레스는 물체의 낙하 속도가 그 물체의 무게에 비례한다고 가르쳤다. 즉 무게가 10킬로그램인 물체와 1킬로그램인 물체를 같은 높이에서 동시에 떨어뜨리면 1킬로그램인 물체가 10킬로그램인 물체보다 바닥에 떨어지는 데 10배의 시간의 걸린다고 한 것이다. 피사대학 교수였지만 다른 교수들의 감정 따위는 안중에도 없었던 갈릴레오는 아리스토텔레스를 따르는 동료 교수들이 강의하러 가는 시간에 맞춰 피사의 사탑에서 물체들을 낙하시키곤 했다. 큰 납덩어리와 작은 납덩어리가 거의 동시에 바닥에 떨어졌는데, 갈릴레오는 이로써 아리스토텔레스가 틀렸다는 것이 증명되었다고 여겼지만, 다른 교수들 눈에는 그가 얼마나 사악한지를 보여주는 행위로밖에는 보이지 않았다. 이런 악의적인 행위들 탓에 그는 진리는 실험이 아니라 책을 통해 추구되어야만 한다고 믿는 사람들에게 두고두고 미움을 샀다.

갈릴레오는 공기의 저항이 없다면, 자유낙하 하는 물체들은 일정한 가속도를 유지하면서 떨어지고, 진공 상태에서는 물체의 부피나 구성 물질과 상관없이 같은 가속도로 떨어진다는 것을 알아냈다. 진공 상태에서 자유낙하 하는 물체의 가속도는 초당 32피트(약 9.75미터 – 옮긴이)가량씩 증가한다. 그는 물체를 탄환처럼 수평으로 던지면 포물선을 그리며 움직인다는 것도 증명해냈다. 그전까지만 해도 한동안 수평으로 움직이다가 결국 수직으로 떨어진다고 여겨져왔다. 이런 결과들은 지

금 보면 전혀 놀라운 것이 아니지만, 물체의 운동 방식에 대한 정확한 수학적 지식의 출발점이 되어주었다.

그의 시대 이전에도 관찰에 의존하지 않는 연역적인 순수 수학이 있었고, 특히 연금술과 관련해 전적으로 경험적인 실험이 행해지기도 했다. 그러나 갈릴레오는 수학적 법칙에 도달한다는 뚜렷한 목적의식을 갖고 제대로 된 실험을 수행하기 위해 최선을 다했다. 덕분에 수학은 '선험적' 지식이 전혀 없는 분야에 관한 자료에도 응용할 수 있게 되었다. 그는 조금만 실험해봐도 금세 거짓임이 밝혀질 주장이 한 세대에서 다음 세대로 얼마나 쉽게 반복적으로 이어져 내려갈 수 있는지를 매우 극적이고 반박 불가능한 방법으로 보여주었다. 아리스토텔레스에게서 갈릴레오에 이르기까지 무려 2,000년 동안 어느 누구도 아리스토텔레스가 주장한 낙하 법칙이 참인지 거짓인지 따져볼 생각을 하지 않았던 것이다. 그런 언명들을 검증해보는 일은 우리에게는 너무도 자연스럽지만, 갈릴레오의 시대만 해도 천재성이 요구되는 일이었다.

낙하하는 물체에 대한 실험들은 학자입네 하는 사람들의 신경을 긁긴 했지만, 종교재판소의 비난은 피할 수 있었다. 갈릴레오를 더 큰 위험으로 몰고 간 것은 망원경이었다. 한 네덜란드인이 그런 도구를 발명했다는 소식을 접한 갈릴레오는 자기 식으로 그것을 만들고 이를 이용해 곧이어 새로운 천문학적 사실을 많이 발견해냈다. 그는 그중에서 목성에 위성이 존

재한다는 사실을 알아낸 것을 가장 중요하게 여겼다. 위성의 존재는 코페르니쿠스 이론에 따른 태양계의 축소 모형으로는 중요했지만 프톨레마이오스의 도식에는 들어맞지 않았다. 게다가 항성들은 별개로 치더라도 도대체 왜 천체(태양, 달, 그리고 다섯 개의 행성)의 수가 일곱이어야만 하는지에 대해 온갖 이유를 들이대는 사람들이 있었는데, 네 개나 더 발견되었다는 건 이들에게 매우 언짢은 일이었다. 요한계시록에 나오는 촛대의 수도 일곱 개고, 아시아에 있다는 교회도 일곱 개가 아닌가? 아리스토텔레스를 따르는 무리는 망원경으로 보는 일조차 거부하며 목성의 위성들은 그저 환영에 불과하다고 고집을 피웠다.[3] 갈릴레오는 위성들에 토스카나 대공의 이름을 따 '메디치 가문의 별들'이라고 이름을 붙이는 신중함을 보였다. 이런 시도는 위성들이 실제로 존재한다는 것을 믿도록 정부를 설득하는 데 많은 도움이 되었다. 만약 그 '별들'이 코페르니쿠스 체계에 유리한 논증을 제공하지 않았다면, 그 별들의 존재를 부정했던 사람들도 자신들의 입장을 딱히 그렇게 오랫동안 고수하지는 않았을 것이다.

망원경은 목성의 위성들 말고도 신학자들을 소름 끼치게 할 다른 사실들도 드러냈다. 달처럼 금성에도 위상位相이 있음을

3 예를 들면 클라비우스 사제는 "목성의 위성들을 보기 위해서 사람들은 그것들을 창조할 도구를 만들어야만 한다"고 말하기도 했다. 화이트, 『과학과 신학의 전쟁』, 제1권, 132쪽.

보여준 것이다. 코페르니쿠스는 자신의 이론이 맞으려면 달에도 위상이 있어야 한다고 생각했는데, 갈릴레오의 도구가 달의 위상에 반대하는 논증을 호의적인 논증으로 바꿔놓은 것이다. 달에 산이 있다는 것도 밝혀졌는데, 그것은 몇 가지 점에서 충격적으로 받아들여졌다. 그보다 더 충격적인 사실은 태양에 점들이 있다는 것이었다. 이것은 창조주의 작품에 결함이 있다는 말로 받아들여졌다. 가톨릭 대학의 교수들에게는 태양흑점을 언급하는 것이 금지되었는데, 일부 대학에서는 이런 조치가 수백 년 동안 계속 유지됐다. 도미니코 수도회의 한 사제는 성경 구절을 활용한 강론으로 승급하기도 했다. 그는 이렇게 말했다. "갈릴리 사람들아, 왜 너희는 여기에 서서 하늘만 쳐다보고 있느냐?"(「사도행전」 1장 11절 – 옮긴이) 강론 도중 그는 기하학은 악마들이나 하는 짓거리이며, 수학자들은 온갖 이단을 낳는 자들이니 추방해 마땅하다고 주장했다. 신학자들은 이 같은 교설巧說이 성육신에 대한 믿음을 훼손할지도 모른다는 점을 즉시 지적하고 나섰다. 더 나아가 신은 헛된 일은 아무것도 행하시지 않는 분이므로, 다른 행성들에도 사람이 살고 있다고 상정할 수밖에 없었다. 그렇다 하더라도 그들을 노아의 후손이라고 혹은 구세주에게 구원받은 자들이라고 할 수 있을까? 추기경과 대주교들에 따르면 이런 문제들은 갈릴레오의 불경스러운 호기심 때문에 제기될 소름 끼치는 의심들 중 극히 일부에 지나지 않았다.

이 모든 일의 결과, 종교재판소는 천문학을 문제 삼고 나섰고, 성경의 특정 구절들로부터 연역해 두 가지 중요한 진리에 도달했다. "첫 번째 명제, 즉 태양이 중심이고 지구 주위를 돌지 않는다는 것은 신학적으로 볼 때 어리석고 멍청하고 거짓되며 또한 성경에 명백히 반하기 때문에 이단이기도 하다. 두 번째 명제, 즉 지구가 중심은 아니지만 태양 둘레를 회전한다는 것은 철학적으로 참이 아니며 또한 신학적인 면에서 볼 때 적어도 진정한 믿음에 반하는 것이다."

이런 이유로 갈릴레오는 종교재판에 출두하라는 교황의 명령을 받게 되었다. 1616년 2월 26일, 종교재판소는 그에게 자신의 잘못을 시인하라는 판결을 내렸고, 그는 이를 받아들였다. 그는 자신이 코페르니쿠스의 의견을 지지하지 않으며, 글이나 말로 이를 가르치지 않겠노라고 엄숙히 서약했다. 우리는 이 일이 벌어진 시점이 브루노가 화형에 처해지고 고작 16년밖에 지나지 않은 때였음을 기억해야만 한다.

지구가 움직인다고 가르치는 책은 교황의 요구에 따라 모두 금서 목록에 올랐다. 코페르니쿠스의 저서가 처음으로 금지되었다. 갈릴레오는 은퇴해 피렌체로 가서 한동안 그곳에서 조용히 살며 승리에 들뜬 적들의 공격을 피했다. 그러나 갈릴레오는 낙천적인 사람이었다. 그는 재기 넘치는 응수로 얼간이들을 상대했다. 1623년 친구인 바르베리니 추기경이 교황 우르바노 8세가 되자 갈릴레오는 안도했지만, 이후 벌어진 일에

서 알 수 있듯 그것은 그저 착각일 뿐이었다. 그는 『대화－천동설과 지동설, 두 체계에 관하여』 집필에 착수했다. 이 책은 1630년에 완성되어 1632년에 출판되었다. 이 책은 프톨레마이오스와 코페르니쿠스의 두 거대한 체계와 관련된 문제를 풀리지 않은 채로 어설프게 남겨둔 것처럼 보이지만, 전체적으로 보면 사실은 코페르니쿠스 체계를 강력하게 옹호하는 내용이다. 눈이 부실 정도로 대단한 이 책은 유럽 전역에서 게걸스럽게 읽혔다.

과학계는 찬사를 보냈지만, 성직자들은 노발대발했다. 갈릴레오가 침묵을 강요받은 동안, 그의 적들은 상대하기조차 우스운 수준의 논증을 해대며 자신들의 편견을 키워 나갔다. 그의 가르침이 신의 현현이라는 교리와 합치되지 않는다고 주장하는 이도 있었다. 예수회 사제인 인츠호페르 메니헤르트는 “지구가 움직인다는 주장은 온갖 이단 중에서도 가장 혐오스럽고 가장 유해하며 가장 추잡한 것이다. 지구가 움직이지 않는다는 사실은 대단히 신성한 것이다. 지구가 움직인다는 걸 입증해 보이려는 주장에 비하면 영혼의 불멸성, 신의 존재, 그리고 그분의 현현에 반하는 주장이 오히려 더 참아줄 만한 정도다”라고 말했다. 여우를 발견한 사냥꾼들이 쉭쉭거리며 개들을 다그치듯, 신학자들은 서로의 피를 들끓게 만들며 병들어 쇠약해지고 눈마저 멀어가고 있는 한 노인을 사냥할 만반의 준비를 마쳤다.

갈릴레오는 또 다시 로마로 와서 종교재판에 출두하라는 명령을 받았다. 재판관들은 자신들이 조롱당했다고 느꼈다. 분위기는 1616년보다 훨씬 더 서늘했다. 갈릴레오는 처음에는 병이 너무 위중해서 피렌체에서 로마까지 가는 여정을 감당하기 어려울 것 같다고 애원했다. 그러자 교황은 의사를 보내 진찰해서 만약 병세가 심각하지 않은 것으로 밝혀지면 쇠사슬로 묶어 데려오겠다고 위협했다. 갈릴레오는 적이 보낸 의사가 판정을 내리기 전에 길을 나설 수밖에 없었다. 한때 친구였던 우르바노 8세는 이제 그의 비정한 적으로 돌아섰다. 로마에 도착한 그는 종교재판소의 감옥에 수감되고, 자신의 견해를 철회하지 않는다면 고문 받을 것이라는 협박을 받았다. "우리 주 예수 그리스도와 영광된 성모 마리아의 거룩한 이름으로" 종교재판소는 "만약 그대가 말한 오류와 이설을 진실한 마음과 성실한 믿음으로 우리 앞에서 포기하고 저주하고 혐오한다면" 이단자에게 내려지는 처벌을 면하게 해주겠다고 했다. 하지만 갈릴레오의 철회와 참회에도 불구하고 재판관들은 "우리가 정한 기간 동안 이곳 종교재판소의 공식 감옥에 수감될 것을 선고한다. 더불어 참회의 효과를 높이기 위해 앞으로 3년 동안 매주 한 차례씩 일곱 편의 참회시편을 낭송할 것을 명한다"고 판결했다. 판결이 비교적 가벼웠던 이유는 철회가 조건으로 달렸기 때문이었다.

갈릴레오는 공개적으로 무릎을 꿇고 종교재판소가 작성

한 긴 문구를 낭송했다. "저는 제가 전에 말했던 오류와 이설을 포기하고 저주하고 혐오합니다. 그리고 앞으로 이와 유사한 의혹이 제기될지도 모를 그 어떠한 것도 글로건 말로건 절대로 말하거나 주장하지 않을 것임을 맹세합니다." 계속해서 그는 여전히 지구가 움직인다고 주장하는 이단자를 보면 그가 누구건 종교재판소에 고발하겠다고 서약하고, 스스로 자신의 주장을 철회했음을 복음서 위에 손을 얹고 맹세했다. 당대의 가장 위대한 인물에게 거짓 맹세를 시켜 종교와 도덕의 권익을 지켰다는 데 만족한 종교재판관들은 그에게 남은 생애 동안 은거하며 조용히 살아야 한다는 조건으로 감옥에 갇히지 않는 것을 허용했다. 감옥에는 가지 않아도 되었지만, 그는 사실상 모든 행동을 통제받았을 뿐만 아니라 가족이나 친구를 만나는 일조차 금지되었다. 1637년 갈릴레오는 시력을 완전히 잃었고, 1642년 사망했다. 뉴턴이 태어난 해였다.

교회는 자신들이 통제할 수 있는 모든 교육기관에서 코페르니쿠스 체계가 참이라고 가르치는 것을 금지했다. 지구가 움직인다는 주장이 담긴 책은 1835년까지 금지 목록에 속해 있었다. 베르텔 토르발센이 만든 코페르니쿠스 동상의 제막식이 1829년 폴란드 바르샤바에서 열렸을 때 이 천문학자를 기리기 위해 엄청난 인파가 모여들었지만, 가톨릭 사제들은 거의 눈에 띄지 않았다. 200년의 세월이 지나는 동안, 유능한 천문학자 모두가 받아들이게 된 이론에 대해 가톨릭교회는 이러지

도 저러지도 못한 채 내내 힘없는 반대를 고수하고 있었던 것이다.

그렇다고 이 새로운 이론에 대해 신교도 신학자들이 구교도 신학자들보다 처음부터 좀 더 우호적이었다고 생각해서는 안 된다. 몇 가지 이유로 그들의 반대는 영향을 덜 미쳤다. 종교재판소처럼 전통적 교리를 강제할 강력한 기관이 신교도 국가에는 존재하지 않았던 데다 교파가 여럿으로 나뉜 탓에 효과적으로 박해하기가 어렵기도 했다. 무엇보다 종교전쟁을 치르느라 '연합 전선'을 꾸리는 것이 더 시급했다.

1616년 갈릴레오의 재판 소식을 들은 데카르트는 겁에 질려 네덜란드로 피신했다. 네덜란드 신학자들이 그를 처벌하라고 소리 높여 외쳤지만, 정부는 종교적 관용의 원칙을 고수했다. 무엇보다 신교 교회들은 무류설無謬說에 얽매여 있지 않았다. 신교도들은 성경이 계시의 말씀이라는 것은 인정했지만 그 해석은 개인의 판단에 맡겼고, 성경의 불편한 구절들을 설명할 이런저런 방법을 곧 찾아냈다. 가톨릭 교회의 지배에 반대하는 봉기로 시작된 신교는 성직자들에게 맞서며 세속적 권위의 힘을 키워 나갔다. 만약 가톨릭 성직자들에게 힘이 있었다면 그들은 코페르니쿠스주의의 확산을 막기 위해 분명 그 권력을 이용했을 것이다.

1873년까지도 그런 상황이 계속됐다. 미국 루터파 신학교의 한 전직 총장이 세인트루이스에서 천문학에 관한 책을 출

판했다. 그는 그 책에서 진리는 성경에서 구하는 것이지 천문학자들의 저서에서 구하는 것이 아니라며, 코페르니쿠스와 갈릴레오, 뉴턴 및 그 계승자들의 가르침은 반드시 부정되어야 한다고 주장했다. 하지만 이런 식의 때늦은 항의는 그저 애처로워 보일 뿐이다. 코페르니쿠스 체계가 최종적인 것은 아니지만 그럼에도 과학 지식의 발전에 필수적이고 매우 중요한 단계였다는 점은 이제 보편적으로 인정받고 있다.

갈릴레오를 상대로 '승리'를 얻어내기는 했지만 그로 인해 재앙에 가까운 결과를 받아들이고 만 사건 이후, 신학자들은 그때처럼 공식적으로 명확한 태도를 드러내는 일은 피하는 것이 현명하다는 사실을 깨닫게 되었지만, 그럼에도 자신들이 할 수 있는 한 과학에 대해 반계몽주의적 반대를 계속해 나갔다. 현대인들에게는 종교와 별 상관없어 보이는 혜성과 관련된 문제에 대해 신학자들이 취한 태도가 그 한 예다. 하지만 중세 신학자들에게 신학은 절대불변의 단일한 논리 체계였기에 필연적으로 거의 모든 것에 관해 명확한 견해를 보일 수밖에 없고, 따라서 과학의 최전선에서 벌어지는 모든 싸움에 필연적으로 휘말릴 수밖에 없었다. 오랜 역사로 인해 신학의 상당 부분은 계몽된 시대에 살아남아서는 안 될 오류들에 신성한 향기를 덧씌우는 체계화된 무지에 불과했다. 혜성에 관한 성직자들의 견해에는 두 가지 근거가 있었다. 그들은 자연법칙의 지배에 대해 우리와는 생각이 달랐다. 또한 지구의 대기

권 밖에 있는 것들은 모두 불멸하다고 생각했다.

먼저 자연법칙의 지배에 대해 사람들이 어떻게 생각해왔는지 알아보자. 예를 들어 사람들은 일출이나 계절의 변화같이 규칙적으로 일어나는 일도 있지만, 징조나 전조처럼 앞으로 벌어질 일을 미리 알려주거나 인간에게 회개를 촉구하는 일도 있다고 생각했다. 갈릴레오 시대 이후 과학자들은 자연법칙을 변화의 법칙이라고 생각했다. 우리는 자연법칙을 통해 물체가 특정한 상황에서 어떻게 움직이는지 알 수 있고, 그로 인해 앞으로 어떤 일이 일어날지 추론해낼 수 있지만, 그렇다고 해서 과거에 일어난 일이 앞으로도 그대로 일어날 것이라고 단정 지을 수는 없다. 우리는 태양이 앞으로도 오랫동안 계속해서 떠오를 것임을 알고 있지만, 조석 작용에서 발생하는 조류의 마찰 때문에, 그 현상을 일으킨 바로 그 법칙들의 작용 때문에 궁극적으로는 태양이 더 이상 뜨지 않게 될지도 모른다는 것 또한 알고 있다. 지속적으로 반복되는 현상들을 통해서만 자연법칙을 이해할 수 있었던 중세인들의 사고방식으로는 이런 개념을 이해하기 힘들었다. 비정상적인 현상이나 반복적으로 일어나지 않는 현상은 신의 뜻에 의해 일어나는 일로 여겨졌지, 자연법칙에 따른 것으로 간주되지 않았다.

하늘에서는 거의 모든 것이 규칙적이었다. 일식과 월식은 예외적인 일로 여겨져 미신을 믿는 사람들을 공포에 떨게 만들기도 했지만, 그것들 역시 법칙에 따라 일어나는 일임이 바

빌로니아 사제들에 의해 밝혀졌다. 태양과 달, 행성들과 항성들은 매년 사람들이 예상하는 그대로 움직였다. 새로운 것이 관측되는 일도 없었고, 기존 것들이 변하는 일도 없었다. 그래서 지구 대기권에 있는 모든 것은 창조주가 의도한 그대로 완벽하게 처음이자 마지막으로 창조되었다고 여겨졌다. 성장이나 쇠퇴는 우리가 사는 지구에나 적용되는 것이고, 우리의 첫 조상이 지은 죄에 대한 징벌의 일부였다. 그러므로 유성과 혜성 등 일시적으로 나타나는 현상들도 지구의 대기권 안, 즉 '달 아래' 영역에 존재해야 했다. 하지만 이러한 견해는 유성에 관해서는 옳았지만, 혜성에 관해서는 틀렸다.

혜성이 무언가의 전조이며 지구의 대기 중에 있다는 견해를 신학자들은 열성적으로 지지했다. 고대부터 혜성은 언제나 불행의 사자처럼 인식되어왔다. 예를 들면 『줄리어스 시저』나 『헨리 5세』 같은 셰익스피어의 작품들에서도 이런 견해는 당연한 것처럼 다루어졌다. 1455~1458년 교황을 지냈으며, 터키인들의 콘스탄티노플 점령에 크게 당황했던 갈리스토 3세는 이 재앙이 커다란 혜성의 출현과 관련 있다고 보고, "임박한 재앙이 그리스도인들을 피해 터키인들을 향해 가도록" 해달라고 기도할 것을 명했다. 그리고 그 호칭기도에 이렇게 덧붙였다. "자비로우신 주여, 터키인들과 혜성으로부터 우리를 구해주소서." 1532년, 토머스 크랜머는 당시 나타난 혜성에 관해 헨리 8세에게 쓴 편지에서 이렇게 말했다. "이 징조들이 앞

으로 어떤 기이한 일이 닥칠지를 의미하는지 신은 알고 계십니다. 왜냐하면 이런 징조들은 가벼이 모습을 드러내는 것이 아니라 어떤 중대한 일을 앞두고 나타나기 때문입니다." 1680년, 많은 사람들이 두려워하는 가운데 혜성이 출현했을 때 한 저명한 스코틀랜드 신학자는 존경스러울 정도로 애국심을 드러내며 혜성들은 "우리의 죄를 벌하기 위해 이 땅에 온 위대한 심판의 조짐이다. 왜냐하면 지금까지 그 어떠한 민족도 주님이 이토록 분노하시게 만든 적이 없기 때문이다"라고 단언했다. 이때 그는 의도하지는 않았을지 모르지만, 루터의 권위를 따르고 있었던 것 같다. "이교도들은 혜성이 자연적인 원인으로 생겨날 수도 있다고 하지만, 신은 확실히 일어날 재난의 전조가 되지 않는 혜성은 결코 창조하지 않으신다."

구교와 신교의 또 다른 차이점이 있든 없든, 혜성 문제와 관련해서 이들의 의견은 일치했다. 가톨릭 대학의 천문학 교수들은 혜성과 관련된 과학적 견해와 양립할 수 없는 선서를 해야 했다. 1673년, 로마의 클레멘티노대학 총장 아우구스틴 데 안겔리스 사제는 기상학에 관한 책을 출판하면서 다음과 같이 썼다. "혜성들은 천체가 아니며, 달 아래 지구의 대기 중에서 생겨난 것이다. 왜냐하면 하늘에 있는 것은 모두 영원하고 썩지 않는데, 혜성에는 시작과 끝이 있기 때문이다. 따라서 혜성은 천체일 수 없다." 이것은 튀코 브라헤에 대한 반박에서 나온 말이었다. 튀코 브라헤는 1577년 혜성이 달 위에 있었다고

믿을 만한 충분한 이유를 제시했고, 이후 케플러의 지지를 받았다. 하지만 아우구스틴 신부는 혜성들이 불규칙하게 움직이는 것은 신이 이 과업을 맡긴 천사들 때문에 벌어지는 일이라고 설명했다.

핼리혜성이 나타나고 처음으로 궤도를 계산할 수 있게 된 해인 1682년 영국왕립협회 회원 랠프 소스비가 쓴 일기의 한 구절에는 영국인 특유의 절충주의 정신이 잘 드러나 있다. 그는 이렇게 썼다. "주여, 이것이 전조하는 변화가 무엇이든 우리가 적응할 수 있게 해주소서! 이런 유성들이 자연적 원인으로 생겨난다는 걸 저도 모르는 바는 아니지만 그것들이 종종 자연 재앙의 전조가 되기도 하기 때문입니다."

혜성이 자연법칙을 따르며 지구의 대기권 안에 있지 않음이 최종적으로 증명된 것은 세 사람 덕분이다. 스위스인 되르펠은 1680년 나타난 혜성의 궤도가 포물선에 가깝다는 것을 보여주었다. 에드먼드 핼리는 1682년에 나타난 혜성의 주기가 약 76년이며, 매우 가늘고 긴 타원 궤도를 가지고 있다는 사실을 밝혀냈다. 이 혜성은 1066년, 그리고 1453년 콘스탄티노폴리스 함락 때도 나타나 사람들을 공포에 떨게 했다. 이후 그의 이름을 따 핼리혜성으로 불리게 된다. 그리고 1687년에 나온 뉴턴의 『프린키피아』는 중력의 법칙으로 행성의 운동뿐만 아니라 혜성의 운동도 충분히 설명할 수 있음을 보여주었다. 이로써 전조가 존재하기를 바라던 신학자들은 한 발 후퇴해 지

진이나 화산 폭발에서 기댈 곳을 찾아야 했다. 이런 것들은 천문학이 아니라 지질학이라는 또 다른 과학의 영역에 속해 있었다. 훗날 발전하게 될 지질학은, 무지의 시대에서 물려받은 교리들을 상대로 자기들만의 또 다른 싸움을 치러야 했다.

3 — 생물이 진화한다는 발상

진화론

뉴턴이 생각한 우주는 계속 발전 해 나가기보다 한번에 전체가 창조된 우주였다. 현대인은 점진적 성장을 믿게 된 것이 얼마나 최근 사건인지 쉽게 깨닫지 못한다.

과학은 우리가 예상하는 것과는 반대 순서로 발전해왔다. 우리 자신과 가장 먼 것이 법칙의 영역 안으로 제일 먼저 들어왔고, 이어서 가까운 것들이 차례로 그 뒤를 따랐다. 처음에는 하늘, 그다음에는 지구, 그다음에는 동물과 식물, 인간의 몸, 그리고 마지막으로 (아직은 매우 불완전하지만) 인간의 마음. 이 순서는 사실 설명할 필요가 없을 정도로 당연한 것이다. 세세한 것에 익숙해지다 보면 큰 틀을 보기 힘들어지는 법이다. 로마의 도로가 어떻게 뻗어 있는지는 지상에서보다 비행기에서 더 잘 보인다. 어떤 사람이 앞으로 무슨 행동을 할지는 그 자신보다 친구들이 더 잘 안다. 대화가 어느 정도 진행되면 친구들은 하품이 나올 정도로 지겹지만 그가 좋아하는 자기 이야기가 이쯤에서 나오는 걸 결코 피할 수 없음을 예감하게 된다. 그러나 정작 당사자는 그게 법칙이 아니라 그저 자연스러운 충동에 따른 행동이라고 생각한다. 친숙한 경험을 통해 상세히 아는 것이 과학이 추구하는 일반적 지식을 얻는 가장 쉬운 길은 아니다. 간단한 자연법칙뿐만 아니라 우리가 아는 세계가 점진적으로 발전해왔다는 학설 역시 천문학에서 시작됐다. 그러나 이러한 학설이 가장 두드러지게 적용된 분야는 지구에 사는 생물들의 성장과 관련된 분야다. 우리가 앞으로 살펴볼 진화론은 천문학에서 시작되기는 했지만 과학적으로는 지질학과 생물학 분야에서 학문적으로 더 중요한 대접을 받았다. 또한 코페르니쿠스 체계가 승리한 후 드리운 천문학에 대한 반

감보다 더 큰 신학적 편견과 대적해야만 했다.

현대인들은 우리가 발전이나 점진적 성장 같은 것들을 확신하기 시작한 것이 얼마나 최근의 일인지 쉽게 깨닫지 못한다. 이는 사실 거의 전적으로 뉴턴 이후의 일이다. 그리스도교의 정통 교리에 따르면 세계는 엿새에 걸쳐 창조되었고, 현재 존재하는 모든 천체는 물론 노아의 대홍수 때 소멸된 몇몇까지도 그때 이미 세상에 존재했다. 진보가 우주의 법칙이라는 것에 이제는 대부분의 신학자들이 동의하지만, 과거의 그리스도교인들은 모두 아담과 이브의 타락 때문에 무시무시한 재앙들이 한꺼번에 발생했다고 믿었다. 신은 아담과 이브에게 어떤 나무의 열매를 먹지 말라고 했는데 그들은 그걸 먹었다. 그러자 신은 그들과 그 후손 모두가 더는 영생할 수 없으며, 사후에도 그들 후손의 후손까지 지옥에서 영원한 벌을 받아야 한다고 명했다. 어떤 계획에 따라 선택된 몇몇 예외가 있기는 했지만, 그에 대해서는 많은 논쟁이 있었다. 아담이 죄를 지은 바로 그 순간부터 동물들은 서로를 잡아먹기 시작했고, 엉겅퀴와 가시가 자라났고, 계절의 변화가 생겨났으며, 저주 받은 땅은 고된 노동을 행하지 않으면 더 이상 인간에게 먹을 것을 내주지 않았다. 얼마 지나지 않아 사람들은 너무 사악해져 노아와 그의 세 아들, 그들의 아내들 빼고는 대홍수 때 모두 물에 빠져 죽었다. 그 이후 인간이 더 선해진 것 같지는 않지만 창조주는 또 다시 대홍수를 일으키지 않겠다고 약속했고, 이제는 가끔

화산 폭발이나 지진을 일으키는 정도로 만족하고 있다.

우리는 이 모든 것이 성경과 실제로 연관된 것이든 아니면 성경에서 추론된 것이든, 당시 사람들에게는 문자 그대로 역사적 사실로 여겨져왔다는 사실을 알아야 한다. 세계가 창조된 날은 각 족장들이 몇 살에 맏아들을 얻었는지 기록되어 있는 「창세기」의 계보를 통해 추론할 수 있다. 성경 구절 자체의 모호성, 그리스어역 구약 성경과 히브리어 성경의 차이로 인해 어느 정도 논쟁의 여지가 남아 있었다. 그러나 결국 신교에서는 일반적으로 어셔 대주교가 확정한 기원전 4004년이라는 연도를 세계가 창조된 해로 받아들였다. 케임브리지대학 부총장 조지프 라이트풋 박사도 이 연도를 받아들였다. 하지만 그는 「창세기」를 더 면밀하게 연구하면 더 정확한 날짜를 알아낼 수 있을 거라고 생각했다. 그에 따르면, 인간은 10월 23일 오전 9시 창조됐다. 하지만 이를 신앙으로 반드시 믿어야만 하는 것은 아니다. 「창세기」에서 근거를 찾을 수만 있다면, 여러분은 이단의 혐의를 무릅쓰지 않고도 아담과 이브가 10월 16일 혹은 10월 30일에 창조되었다고 믿을 수도 있다. 물론 요일은 금요일로 알려져 있는데, 신이 토요일에는 쉬기 때문이다.

과학은 이런 좁은 틀 안에 갇혀 있어야 했다. 지금 우리 눈에 보이는 세계가 존재하는 데 걸린 시간이 6,000년이라는 게 너무 짧다고 생각하는 사람들은 비난에 시달렸다. 화형 당하거나 감옥에 갇히는 일은 더 이상 없었지만, 신학자들은 그들의

삶을 불행하게 만들고, 그들의 학설이 퍼져 나가는 것을 막기 위해 모든 수단을 다 동원했다.

뉴턴의 작업은 이미 코페르니쿠스 체계가 받아들여진 터라 정통 교리에 아무런 위협이 되지 않았다. 그 자체로 신앙심 깊은 사람이었던 뉴턴은 성경이 신의 계시를 받아 쓰인 것이라고 믿었다. 그는 우주 안에 있는 모든 것들은 발전해가는 게 아니라 한꺼번에 창조되었다고 생각했다. 행성들이 태양 위로 떨어지는 것을 막아주는 접선속도를 계산해내기 위해 그는 처음에 행성들이 신의 손에 의해 세차게 내던져졌다고 추정했다. 그 뒤에 벌어진 일은 중력의 법칙으로 설명했다. 물질의 분포가 거의 균일했던 초기 단계에서 태양계가 발달해왔을지도 모른다는 의견이 담긴 개인적 서신을 리처드 벤틀리에게 보낸 적 있다는 건 사실이다. 그러나 공적 혹은 공식적 언급만으로 한정한다면, 그는 현재 우리가 알고 있는 태양과 행성들이 갑작스럽게 창조되었다는 쪽을 선호했다. 우주 진화와 관련해서는 전혀 여지를 남겨두지 않은 것처럼 보인다.

뉴턴 이후 18세기에, 신이 본질적으로 입법자로 등장해 세계를 창조했고 자신이 앞으로 전혀 개입할 필요 없이 모든 사건을 결정짓는 규칙을 만들어냈다는 특유의 신앙이 나타났다. 그러나 정통파는 예외를 인정했다. 종교와 결부된 기적이 존재했기 때문이다. 그러나 이신론자理神論者들에게 있어 모든 것은 예외 없이 자연법칙에 의해 규정되었다. 이런 두 가지 견

해는 알렉산더 포프의 『인간론』에서 찾아볼 수 있다. 이 책의 어느 대목에서 그는 이렇게 말했다.

> 전능한 제1원인은
> 부분적 법칙이 아니라 보편적 법칙에 의해 작용한다.
> 예외는 극히 적다.

> 그러나 정통파의 요구가 잊히면 예외는 사라진다.

> 자연의 사슬에서 열 번째든, 만 번째든, 어떤 고리든 만일 떼어낸다면 사슬 자체가 망가져버린다.
> 만약 개개의 체계가 단계적으로 변화를 보이며 작용하면, 아무리 훌륭한 전체도 휘청하고 만다.
> 이 아주 작은 혼란은 하나의 체계뿐 아니라 모든 것에 이르고, 그 하나의 체계뿐 아니라 전체 체계의 붕괴를 부른다.
> 지구를 그 궤도에서 튀어나오게 하면 행성도 태양도 하늘을 제멋대로 달리게 된다.
> 천체를 지배하는 천사들을 자신들이 현재 살고 있는 영역에서 내친다면 존재는 존재에 머무르고, 세계는 세계 위에 파괴된 채로 남는다.
> 천계의 모든 토대는 그 중심으로 기울어지고 자연은 신의 왕좌를 향해 진동한다.

앤 여왕 시절 형성된 '법칙의 지배'는 정치적 안정이나 혁명의 시대는 갔다는 확신과 결부되어 있었다. 사람들이 다시 변화를 갈망하기 시작하자 자연법칙의 작용이라는 개념은 더 이상 예전만큼 정적인 상태로 남아 있지 않았다.

태양, 행성들, 항성들의 성장에 관한 과학적 이론을 수립하려는 최초의 본격적인 시도는 1755년 이마누엘 칸트가 쓴 책 『일반 자연사와 천체 이론, 혹은 뉴턴의 원리에 따라 다루어진 우주의 전체 구조와 역학적 기원에 관한 연구』에서 행해졌다. 어떤 면에서 보면 이 책은 현대 천문학의 성과를 예측한 놀라운 책이다. 이 책은 우선 육안으로 보이는 모든 별이 하나의 체계, 즉 은하계에 속한다는 설명으로 시작한다. 이어서 칸트는 이 모든 별은 거의 하나의 평면 위에 있고, 따라서 태양계와 다르지 않은 통일성이 있을 것이라고 말한다. 그리고 상상력 넘치는 놀라운 통찰력을 발휘해 그는 성운들은 태양계와 유사하지만 대단히 멀리 떨어져 있는 별들의 집단이라고 본다. 이것은 우리가 오늘날 일반적으로 받아들이는 견해와 비슷하다. 그는 성운, 은하, 항성, 행성, 위성은 다른 곳보다 우연히 더 밀도가 큰 영역 주위에 흩어져 있던 물질들이 응축되면서 생겨났다고 보는데, 이 이론은 수학적으로는 지지하기 어려운 면도 있지만 그 후의 연구 방향과 대체로 같은 선상에 있다. 물질적인 우주는 무한하다고 믿은 그는 이것이야말로 창조주의 무한성에 어울리는 유일한 견해라고 말한다. 그는 우주의 중력

중심에서 시작해 가장 먼 영역으로 서서히 퍼져 나가면서 혼돈에서 조직화로의 이행, 즉 무한한 공간을 포괄하고 무한한 시간을 요구하는 과정이 있다고 생각한다.

우리가 이 저서를 주목해야 할 이유는 은하와 성운을 구성 단위로 하는 전체로서의 물질적 우주라는 개념과 우주 전체에 거의 균일하게 분포되어 있던 원시 물질들로부터 우주가 점진적으로 발전했다는 개념을 제시했기 때문이다. 이것은 갑작스러운 창조를 진화로 대체하려는 최초의 본격적인 시도인데, 흥미로운 것은 이 새로운 견해가 처음 등장한 것이 지상의 생명체와 관련해서가 아니라 천체 이론과 관련해서였다는 점이다. 하지만 여러 이유로 칸트의 저작은 거의 눈길을 끌지 못했다. 이 책을 펴냈을 때 그는 아직 젊은 나이(31세)여서 높은 평가를 받지 못했다. 그는 철학자이지 전문적인 수학자나 물리학자가 아니었다. 자족적인 체계가 원래 갖고 있지 않았던 회전을 얻을 수 있다고 예상했다는 점에서는 그가 역학에 대한 지식이 부족했음이 드러나기도 했다. 더욱이 그의 이론 중 몇 가지는 완전한 공상에 불과했다. 예를 들어 그는 행성 주민들은 행성이 태양에서 멀수록 우수하다고 생각했다. 이런 견해는 인류의 겸손을 표현하기 위해서는 필요할지 몰라도 과학에 대한 어떤 고찰로도 뒷받침되지 않는다. 이러한 이유 때문에 칸트의 저서는 피에르 라플라스가 내용은 거의 비슷하지만 좀 더 전문성을 갖춘 이론을 내놓기 전까지 거의 주목을 받지

못한 채 남아 있었다.

라플라스의 유명한 성운 가설은 1796년 그의 『세계의 체계에 대한 해설』에서 처음 발표되었는데, 그는 이미 칸트가 성운 가설을 상당 정도 예견했음을 전혀 알지 못했다. 라플라스는 성운에 관한 자신의 이론이 "관찰이나 계산의 결과로 얻어진 것이 아니고 따라서 의심의 여지가 있는" 하나의 가설에 지나지 않음을 인정했다. 이 가설은 오늘날 다른 이론으로 대체되었지만 한 세기 동안 사람들의 사고를 지배했다. 그는 오늘날 태양과 행성의 체계를 이룬 것은, 원래는 단일하게 분산된 성운이었으나 그것이 점차 수축된 결과 보다 빠르게 회전하게 된 것이라고 주장했다. 또한 원심력이 그러한 덩어리를 멀리 날려 행성이 되었고, 같은 과정이 반복되어 행성의 위성이 생겼다고도 했다.

그는 프랑스혁명이 일어난 시기에 살았던 완전한 자유사상가로, 신에 의한 세계 창조설을 완전히 거부했다. 하늘의 군주를 믿는 것이 지상의 군주들에 대한 존경심을 북돋운다고 생각했던 나폴레옹이 라플라스의 역작 『천체 역학』에 신이 전혀 언급되지 않았다고 지적하자 이 천문학자는 이렇게 답했다. "폐하, 제게는 그런 가설이 필요하지 않습니다." 당연히 신학계는 골치를 앓았지만, 라플라스에 대한 그들의 혐오는 무신론 그리고 혁명기 프랑스에 퍼져 있던 일반적인 사악함에 대한 공포에 묻혀버렸다. 어느 쪽이든 그들은 천문학자들과 싸

움을 벌이는 일이 무모한 짓이라는 걸 이미 알고 있었다.

지질학 분야에서 이루어진 과학적 견해의 발전은 어느 면에서 보면 천문학의 경우와는 반대 방향으로 진행되었다고 할 수 있다. 천문학에서 천체는 변하지 않는다는 신념은 천체는 점진적으로 발전하고 있다는 이론으로 바뀌었다. 반면, 지질학에서 변화는 급속하고 극적이었다는 믿음은 과학이 발달하면서 변화는 항상 매우 늦게 이뤄졌다는 믿음으로 대체되었다. 처음에는 지구의 역사가 대략 6,000년 정도로 압축되어야 한다고 보았다. 퇴적암이나 용암의 침적 같은 증거에 비추어 볼 때 6,000년이라는 시간의 척도에 맞추기 위해서는 예전에는 대변동이 흔히 발생하는 일이었다고 가정해야만 했다. 과학의 발전사를 되돌아볼 때 지질학이 천문학보다 얼마나 뒤처졌는지는 뉴턴 시대 지질학의 상황을 살펴보면 이해할 수 있다. 존 우드워드는 1695년에 퇴적암을 설명하면서 이렇게 가정했다. "지구 전체는 대홍수 때문에 산산조각 나고 용해되었으며, 지층은 홍수로 인한 흙의 침전물처럼 이 잡동사니 덩어리에서 퇴적되었음에 틀림없다." 그는 찰스 라이엘이 말했듯이 "지각 속에 포함된 화석 지층 전부가 두세 달 만에 퇴적되었다"고 가르쳤다. 훗날 카르투시오회 수도원장이 된 토머스 버넷 사제는 14년 전인 1681년 『지구에 대한 신성한 이론 – 지구의 기원 및 만물이 완성되기까지 지구에서 일어났거나 일어날 모든 일반적인 변화에 대한 설명』을 출간했다. 그는 적

도는 원래 황도면 위에 있었지만, 대홍수가 발생한 후 현재의 기울어진 위치로 밀려났다고 생각했다.(신학적으로 더 옳은 견해는 이런 변화는 인류가 타락한 시기에 생겨났다는 존 밀턴의 견해다.) 그는 태양열이 지구를 균열시켜 지하의 저수지에서 물이 나왔고 그로 인해 대홍수가 일어났다고 생각했다. 또 제2의 혼란기가 지복천년의 도래 앞에 온다고 주장했다. 하지만 그는 영원한 벌을 믿지 않았기 때문에 그의 견해는 주의해서 받아들여야 한다. 더 끔찍한 것은 그가 인류의 타락에 관한 이야기를 일종의 알레고리로 여겼다는 것이다. 그래서 『브리태니커 백과사전』에 나와 있듯이, "왕은 어쩔 수 없이 그를 국왕 전속 사제직에서 해임할 수밖에 없었다." 윌리엄 휘스턴은 1696년 『지구에 관한 새 이론 – 성경에 있는 6일간의 세계 창조, 대홍수, 대화재가 이성 및 철학에 완전히 일치하도록 나타나다』라는 제목의 책에서 적도에 관한 버넷의 잘못된 생각을 피해갔다. 그가 이 책을 쓴 데는 1680년에 출현한 혜성도 한몫했다. 그는 혜성이 대홍수를 일으켰을 가능성이 있다고 생각했다. 그의 정통성은 창조의 6일이 통상적인 하루보다 길다고 생각한 점 하나 때문에 의심을 받았다.

우드워드, 버넷, 휘스턴 등이 당시 다른 지질학자보다 뒤떨어졌다고 생각해서는 안 된다. 반대로 그들은 당시 최고의 지질학자였다. 휘스턴은 존 로크의 칭송을 받기까지 했다.

18세기에는 두 학파, 즉 암석 수성론자들과 암석 화성론자

들 사이에서 논쟁이 매우 활발하게 벌어졌다. 암석 수성론자들은 거의 모든 것을 물로 환원했고, 암석 화성론자들과 마찬가지로 화산과 지진을 과대평가했다. 끊임없이 노아의 대홍수에 대한 증거를 수집하던 암석 수성론자들은 산의 매우 높은 곳에서 해양 화석이 발견됐다는 사실을 특히 강조했다. 당시만 해도 그들이 정통파였기 때문에 적대자들은 그 화석이 순수한 동물의 유물임을 부정하려고 애썼다. 볼테르는 특히 회의적이었다. 볼테르는 그 화석이 기원이 유기체임을 더 이상 부정할 수 없게 되었을 때조차 순례자들이 떨어뜨린 것이라고 주장했다. 이 경우 도그마에 사로잡힌 자유사상이 정통파보다 비과학적이었다.

위대한 박물학자 뷔퐁은 자신의 저서 『자연사』(1749)에서 14개 명제를 주장했는데, 파리 소르본대학 신학부의 교수들은 이것들을 "부끄러워해야 할 주장이자 교회의 교리에 반한다"고 선언했다. 그중 지질학에 관련된 한 명제는 이렇게 단언한다. "현재 지구상의 산과 계곡은 2차적 원인에 의해 생성됐으며, 그 같은 원인이 머지않아 모든 대륙과 언덕과 계곡 등을 파괴하고, 그와 유사한 다른 것을 다시 만들 것이다." 여기서 말하는 '2차적 원인'이란 신에 의한 세계 창조의 명령 이외의 모든 원인을 의미한다. 그러므로 1749년 정통주의 신학자들은 사해死海처럼 기적에 의한 변화 때문에 생긴 것들을 제외하고는 언덕과 계곡, 육지와 바다의 분포 등 모든 것이 지금 우

리가 보고 있는 상태 그대로 창조되었다고 믿을 수밖에 없는 처지로 내몰렸다. 뷔퐁은 소르본대학과 논쟁하는 것이 적절치 않다고 생각했다. 그는 자신의 주장을 철회하고 다음과 같이 참회했다. "나는 다음과 같이 선언한다. 성경과 모순되는 것을 말할 생각은 전혀 없었다. 나는 성경에서 세계 창조에 대해 언급한 모든 것, 시간의 순서에 대해서도, 사실에 대해서도 가장 굳게 믿는다. 나는 내 저서 속에 있는 지구의 형성과 관계된 모든 것, 또 일반적으로 모세의 이야기에 반하는 모든 것을 포기한다." 신학자들은 천문학의 영역을 제외하고는 갈릴레오와의 충돌 경험에서 배운 것이 별로 없었던 게 분명하다.

지질학 분야에서 현대적이고 과학적인 견해를 처음으로 제시한 저자는 1788년에 초판이, 그리고 1795년에 증보판이 출간된 『지구론』을 쓴 제임스 허턴이었다. 그는 과거 지구 표면에서 일어난 변화는 현재도 작용하고 있는 원인에 의한 것이며, 그것이 현재보다 과거에 더 활발했다고 상정할 이유는 전혀 없다고 가정했다. 대부분 건전한 주장이지만, 어느 면에서는 지나치게 밀어붙였고 또 어느 면에서는 불충분하게밖에 진행하지 못했다. 그는 대륙이 사라진 원인을 해저에 토사가 쌓이는 결과로 이어지는 삭박削剝에서 찾았다. 반면 새로운 대륙이 융기하는 원인은 격렬한 변동 때문이라고 보았다. 그는 육지가 갑자기 침하하거나 서서히 융기한다는 것을 인정하지 않았다. 그러나 그 이후의 과학적인 태도를 중시하는 모든 지질

학자들은 현재를 통해 과거를 해석하는 그의 일반적인 방법론을 받아들이게 되었다. 그는 지질시대에 일어난 거대한 변화를 해안선의 점진적인 변화, 산 높이의 변화, 해저의 융기와 침하처럼 현재 관찰할 수 있는 원인들에서 찾았다.

이러한 관점이 빠르게 채택되지 못한 데는 모세의 연대기 탓이 컸다. 「창세기」를 신봉하는 사람들은 허턴과 그의 제자 존 플레이페어를 맹공격했다. 라이엘은 이렇게 말했다.[4] "당시 영국 사회가 얼마나 열광적 흥분 상태였는지를 감안하지 못한다면 독자들은 허턴의 학설이 얼마나 거친 반대에 부딪혀 당파성이 심하게 나타났는지, 논쟁이 얼마나 불공정하고 무책임하게 이뤄졌는지 상상하기조차 힘들 것이다. 한편 프랑스에서는 한 술 더 떠 그리스도교 신앙의 기초를 무너뜨리고 성직자들의 영향을 배제하려고 노력하는 이들도 있었다. 그들의 성공과 대혁명의 결과는 가장 단호한 태도를 가진 사람들에게까지 경종을 울렸다. 그리고 좀 더 소심한 사람들은 혁신에 대한 공포로 마치 무시무시한 악마에게 끊임없이 시달리는 상상에 빠지기도 했다." 1795년까지 영국의 부유층은 성경에 위배되는 모든 학설 속에서 자신들의 재산이 공격받거나 자신들이 단두대로 보내질지도 모른다는 위협을 보았다. 오랜 세월 동안 영국의 여론은 프랑스 시민혁명 이전보다 훨씬 자유주의적

4 『지질학 원리』(제11판), 제1권, 78쪽.

이지 못했다.

지질학의 발전은 생물학의 발전과 복잡하게 얽혀 있는데, 그것은 멸종 생물의 형태가 기록된 화석들이 다량 발견되었기 때문이다. 태초에 세계가 지금 그대로의 모습으로 창조되었다는 것에 관한 한 지질학과 신학은 여섯 '날'을 여섯 '시대'로 해석할 수 있다는 데 의견을 같이함으로써 타협했다. 그러나 동물의 삶이라는 주제에 관해 신학은 여러 가지 확고한 견해를 보였고, 덕분에 과학과 조화를 이루기가 점점 더 어려워졌다. 동물들이 서로 잡아먹는 일은 인간이 타락하기 전까지만 해도 전혀 없었다. 현존하는 동물들은 모두 노아의 방주에 대표로 타고 있던 종들에 속한다.[5] 지금은 멸종되고 없는 종들은 몇몇 예외를 제외하고 대홍수 때 모두 익사했다. 종은 불변하며, 각각의 종은 각기 다른 창조 행위의 결과로 나온 것들이다. 이런 명제들에 의문을 제기하면 신학자들의 적개심만 부추길 뿐이었다.

신대륙 발견과 함께 많은 난제들이 생겨나기 시작했다. 아메리카 대륙은 아라라트 산에서 멀리 떨어져 있는데도, 그 중간 지역에서 발견되지 않은 많은 동물들이 살고 있었다. 이 동

5 이 견해에도 난점이 없는 것은 아니다. 성 아우구스티누스는 신이 왜 파리를 창조했는지 도무지 알 수 없다고 고백했다. 루터는 자신을 정신 사납게 만들어 좋은 책을 쓰는 걸 방해할 목적으로 악마가 파리를 창조했다고 더 천연덕스럽게 단정 지었다. 정말 그럴듯한 생각이다.

물들은 어떻게 이 먼 길을 이동했고, 왜 이동 도중에 자신들의 종족을 하나도 남겨두지 않은 것일까? 선원들이 이 동물들을 데리고 갔다고 말하는 이들도 있지만, 이런 가설을 곧이곧대로 받아들이기는 어렵다. 예수회 소속으로 원주민들을 개종시키는 일에 헌신했지만 자신의 신앙을 지키는 데 어려움을 겪은 경건한 호세 데 아코스타 역시 이 문제로 당혹스러워했다. 그는 『서인도 제도의 자연과 도덕의 역사』(1590)에서 매우 일리 있게 이 문제를 다뤘다. "이렇게 길게 항해를 해가면서까지 번거롭게 여우를, 게다가 내가 본 것들 중에 가장 꾀죄죄한 종류인 '아키아스'를 페루에 데려다 놓을 생각을 과연 그 누가 할 수 있겠는가? 마찬가지로 호랑이나 사자를 그들이 데려왔다고 그 누가 말할 수 있겠는가? 그렇게 생각하는 것 자체로 웃음거리가 될 터이다. 길고 긴 미지의 항해 도중 바다에서 폭풍우를 만나면 사람들이 우선 자기 목숨을 부지하고 탈출하느라 바쁘지 늑대니 여우니 하는 것들을 옮기거나 먹이를 챙겨주지 않으리라는 것은 충분히 상상할 수 있는 일이다."[6] 이런 문제들 때문에 신학자들은 꾀죄죄한 아키아스나 기타 설명하기 곤란한 동물들이 태양의 작용으로 진흙탕 속에서 저절로 생겨났다고 믿게 되었다. 하지만 불행히도 노아의 방주 이야기에는 아무런 단서도 없다. 그렇지만 별수 없었을 것이라는

6 화이트, 『과학과 신학의 전쟁』에서 인용.

생각도 든다. 예를 들어 이름처럼 동작이 느려터진 나무늘보가 만약 아라라트산에서 출발했다면 도대체 어떻게 남아메리카에 도착할 수 있었겠는가?

동물학이 발전하면서 알려지게 된 종의 숫자 또한 다른 난점들을 낳았다. 오늘날 알려진 수만 해도 수백만 종에 달한다. 만약 이 종들이 각각 두 마리씩 노아의 방주 안에 수용됐다면 방주는 금세 초만원이 되었을 것이다. 게다가 아담은 그 모든 것에 이름을 붙였다는데, 그것은 이제 막 삶을 시작한 나이의 그에게는 무척이나 고된 작업이었을 것이다. 게다가 오스트레일리아 대륙 발견은 새로운 난점을 낳았다. 캥거루는 왜 토레스 해협을 넘어가면서 단 한 쌍도 그곳에 남지 않았을까? 생물학의 진보로 이제 더 이상 태양과 진흙으로 한 쌍의 완벽한 캥거루가 만들어졌다고 생각하기 힘들어졌지만, 그럴수록 그런 이론은 그 어느 때보다 더 절실히 필요해졌다.

이런 어려움들은 19세기 내내 신앙인들의 마음을 괴롭혔다. 예를 들어 『신의 필연적 현존』 등의 저자인 윌리엄 길레스피가 쓴 『휴 밀러 등의 사례에서 드러나는 지질학자들의 신학』이라는 소책자를 읽어보자. 스코틀랜드 신학자가 쓴 이 책은 다윈의 『종의 기원』이 나온 해인 1859년에 출간되었다. 그는 이 책에서 "지질학자들의 무시무시한 가정들"에 대해 말하며 지질학자들을 "생각하기조차 두려운 문제를 일으키는 장본인들"이라고 비난했다. 저자가 관심을 갖는 주된 문제는 휴 밀러

의 『바위들의 증거』와 관련돼 있다. 이 책에서 밀러는 "성경에 나오지 않는 시대, 그러니까 인간이 죄를 짓고 그 결과 고난을 당하게 되기 전 시대에 창조된 동물들도 오늘날의 투쟁 상태와 똑같은 상태에 있었다"고 주장했다. 휴 밀러는 인간이 탄생하기 전에 멸종한 종의 동물들이 서로를 죽이거나 심지어 고문하는 데 사용한 도구들에 두려움을 느끼면서도 생생하게 묘사했다. 신앙심 깊은 사람이었던 그는 왜 창조주가 죄를 지을 능력도 없는 피조물에게 그런 고통을 안겼는지 이해하기 어렵다고 했다.

길레스피는 이런 증거 앞에서 하등 동물이 고통당하고 죽는 것은 인간이 저지른 죄 때문이라고 재차 확언했다. 그리고 아담이 사과를 먹기 전에는 그 어떠한 동물도 죽지 않았음을 입증하기 위해 "죽음이 한 사람으로 말미암아 온" 것이라는 성경의 한 구절을 인용했다.[7] 멸종한 동물들 사이의 전쟁에 대한 휴 밀러의 설명을 인용한 후, 그는 자비로운 창조주가 그런 괴물을 창조했을 리 없다고 절규했다. 여기까지는 우리도 그에게 동의할 만하다. 그러나 뒤이어 전개되는 논리가 좀 기묘하다. 그는 마치 지질학의 증거를 부정하는 것처럼 보이지만, 결국은 그의 용기가 이겼다. 그는 그런 괴물들이 있었을지도

7 이것은 모든 그리스도교 종파의 견해였다. 웨슬리는 인간이 타락하기 이전에는 "거미가 파리만큼이나 무해했으며 피를 기다리기 위해 누워 있지 않았다"고 말했다.

모르지만, 신이 직접 만든 것은 아니라고 했다. 원래는 죄 없는 피조물이었으나 악마에 의해 길을 잃었다는 것이다. 아니면 가다라 지방의 돼지처럼 악령이 든 동물의 육체인지도 모른다고 했다. 사람들의 골치를 아프게 한 가다라 지방의 돼지 이야기가 성경에 포함되어 있는 이유는 바로 이것 때문인지도 모른다.

한편, 생물학 분야에서 정통성을 지켜내려는 기묘한 시도를 한 사람이 있었다. 에드먼드 고스의 아버지이자 자연사학자인 필립 고스가 바로 그다. 그는 세계가 엄청나게 오래되었다고 생각하는 지질학자들이 제시한 증거를 온전히 인정했지만, 창조 당시 만물은 마치 과거의 역사를 간직이라도 하듯 애초부터 만들어져 있었다고 주장했다. 이 이론이 거짓임을 논리적으로 증명할 가능성은 전혀 없다. 신학자들은 아담과 이브가 마치 정상적으로 태어난 것처럼 배꼽을 갖고 있었다고 이미 결정했다.[8] 이와 마찬가지로 다른 피조물도 모두 이미 다 자란 상태로 창조되었을 수 있다고 보았다. 암석은 화산 활동이나 퇴적 작용 때문에 생겨난 것처럼 보이는 화석이 가득 찬 상태로 창조되었을 수도 있다. 그러나 이런 가능성을 받아들이면 세계가 창조된 때를 굳이 특정 시점으로 상정할 이유가 없어진다. 우리는 모두 이미 만들어진 기억을 가지고, 구멍 난 양말

8 고스가 자신의 저서 제목을 (그리스어로 배꼽을 뜻하는) 『옴파로스(Omphalos)』로 지은 이유도 이것 때문인지 모른다.

을 신고, 머리카락을 당장이라도 잘라야 할 상태로 5분 전 세상에 나왔을 수도 있다. 그러나 아무리 논리적으로는 가능하더라도 이런 말을 믿을 사람은 아무도 없다. 고스는 과학 자료와 신학을 논리적으로 훌륭하게 조화시킨 자신의 주장을 아무도 믿지 않는다는 데 대단히 실망했다. 신학자들은 그의 주장을 무시하고, 과거 자신들이 가지고 있던 많은 영역을 포기한 채 그나마 남아 있는 영역 안으로 숨었다.

동물과 식물이 유전이나 변이에 의해 점진적으로 진화해왔다는 이론은 주로 지질학을 통해 생물학에 유입되었는데, 이 이론은 세 부분으로 나눌 수 있다. 첫째, 시대가 오래되었다고 할 때 우리가 으레 떠올릴 법한 어떤 사실들은 대체로 확실하다고 여겨지기 마련인데, 형태가 단순한 생명체가 더 먼저 출현하고, 복잡한 생명체일수록 그보다 더 나중에 출현했으리라는 것이 그중 하나다. 둘째, 더 나중에 출현했고 고도로 조직화된 형태는 자연적으로 생겨나는 것이 아니라 일련의 변형 과정을 거치면서 이전의 초기 형태로부터 발전한다는 이론이다. 이것은 특히 생물학에서 '진화'가 의미하는 바이기도 하다. 셋째, 아직까지는 결코 완전하다고 할 수 없지만 진화의 기제, 즉 변이의 원인, 그리고 어떤 유형의 생명체들이 다른 유형의 생명체들을 희생시키면서 살아남는 현상의 이유에 관한 연구다. 진화에 관한 일반적인 학설은 그 기제에 관해서는 여전히 의문점들이 남아 있기는 하지만 생물학자들 사이에서는 보편적

으로 받아들여졌다. 다윈이 역사적으로 중요한 이유는 그가 자연선택, 즉 진화의 개연성을 높여주는 기제를 제안했다는 데 있다. 그의 제안은 여전히 타당한 것으로 받아들여진다. 하지만 그의 직계 후계자들이 만족하는 것만큼 과학자들도 완전히 만족하고 있는 것은 아니다.

진화론을 유명하게 만든 최초의 생물학자는 장 바티스트 라마르크(1744~1829)다. 그의 학설은 인정받지 못했는데, 그것은 종의 불변성을 지지하는 편견 때문만이 아니라 그가 제시한 변화의 기제가 과학자가 받아들일 법한 수준이 아니었기 때문이다. 동물의 몸에 새로운 기관이 생기는 것은 그 동물이 새로운 필요를 느끼기 때문이며, 생존 중 개체가 획득한 것은 그 후손에게 계승된다고 그는 믿었다. 둘째 가설이 없다면 첫째 가설은 진화에 대한 설명으로서는 소용없었을 것이다. 다윈은 첫째 가설은 새로운 종의 발전에 중요한 요소로 인정하지 않았지만, 둘째 가설은 어쨌거나 받아들였다. 물론 그의 체계에서 차지하는 비중은 라마르크의 체계에서보다 훨씬 작았다. 획득 형질의 유전과 관련된 이 두 번째 가설은 아우구스트 바이스만에 의해 강하게 부정됐다. 논쟁은 여전히 계속되었지만, 현재로서는 획득 형질이 유전되는 일은 거의 없으며, 그저 생식세포에 영향을 미치는 일이 어쩌다 있을 뿐이라는 증거가 압도적이다. 따라서 라마르크의 진화 기제는 받아들여지지 않았다.

1830년 처음 출간된 라이엘의 『지질학 원리』는 지구나 생명체가 아주 오래되었다는 증거를 강하게 언급함으로써 정통파의 커다란 분노를 불러일으켰지만, 그럼에도 처음 몇 판에서는 생물 진화의 가설에 호의적이지 않았고, 라마르크의 이론에 대한 비판적 논의를 포함하고 있었으며, 충분한 과학적 근거를 들어 이를 반박했다. 1859년 다윈의 『종의 기원』이 출판된 뒤 출간된 나중 판들에서는 진화론에 조심스레 찬성했다.

다윈의 이론은 본질적으로 자유방임주의적 경제학을 동식물의 세계로 확장한 것으로, 토머스 로버트 맬서스의 『인구론』에 영향 받은 바 크다. 모든 생물은 너무 빨리 스스로를 재생산하기 때문에 각 세대의 대부분은 자손을 남기는 연령에 이르지 못한 채 죽고 만다. 암컷 대구는 1년에 약 900만 개의 알을 낳는다. 만약 그 모든 알이 성체가 되어 다시 다른 대구를 낳는다면 바다는 몇 년 만에 대구들로 가득 찰 것이고, 지상에는 새로운 대홍수가 닥칠 것이다. 사람도 코끼리를 제외한 어떤 동물보다 자연증가율이 낮지만, 25년마다 두 배씩 증가하는 것으로 알려져 있다. 이 같은 증가율이 전 세계에서 다음 두 세기 동안 지속되면 그 결과 인구는 5000억 명에 이를 것이다. 그러나 실제로 동식물의 수에는 큰 변화가 없다. 그리고 대부분의 기간 동안 동일한 것은 인구와 관련해서도 마찬가지다. 따라서 각각의 종 안에서 또는 서로 다른 종 사이에서 끊임없이 투쟁이 이루어지고 그 패배의 대가는 죽음이라는 결론에 이

른다. 그 결과, 어떤 종의 구성원이 다른 구성원과 어떤 면에서든 다른 점이 있고 그것이 그 구성원에게 유리하다면 더 오래 살아남는다. 만약 그 차이가 후천적이라면 후손에게 전해지지 않겠지만, 만약 그 차이가 선천적이라면 적어도 상당한 확률로 후손에게 재현된다. 라마르크는 기린의 목은 오랜 시간 동안 높은 가지에 도달하려고 뻗은 결과 자라났다고 생각했고, 또한 그 결과가 유전됐다고 생각했다. 이에 비해 다윈의 견해, 적어도 바이스만에 의해 수정된 견해는 태어날 때부터 목이 긴 경향을 띠는 기린은 다른 기린보다 덜 굶는 편이며, 따라서 더 많은 자손을 남겼고, 그 후손들은 점점 더 목이 길어졌다고 봤다. 아마 기린들 중 어떤 기린은 긴 목을 가진 부모보다 더 긴 목을 가졌을 것이다. 이렇게 해서 기린은 점차 그 특질을 더 늘리고, 마침내 그 이상 그 특질을 늘려도 아무런 이득을 보지 않는 상태에 이르렀을 것이다.

다윈의 이론은 우연적 변이의 발생에 의존하지만, 그 자신도 고백했듯 그 원인은 밝혀지지 않았다. 어떤 특정한 한 쌍의 후손이라고 해서 전부 똑같지는 않다는 것은 관찰을 통해 충분히 알 수 있는 사실이다. 가축은 인위적 선택으로 많이 개량되었다. 인간의 개입으로 젖소는 더 많은 젖을 내게 되었고, 경주마는 더 빨리 달리게 되었으며, 양은 더 많은 양모를 내게 되었다. 그런 사실들은 도태가 어떤 결과를 가져올지에 대해 다윈이 입수할 수 있는 가장 직접적인 증거를 제시해주었다. 육

종가들이 물고기를 유대류 동물로, 혹은 유대류 동물을 원숭이로 바꿀 수 없는 것은 분명하다. 그러나 그 정도의 큰 변화도 지질학자가 연구 대상으로 삼는 무한의 세월 속에서는 일어날 것으로 기대할 수 있을는지도 모른다. 게다가 많은 경우, 공통 조상이 있다는 증거가 존재한다. 화석은 현재 폭넓게 분리된 종 사이의 중간에 위치한 동물들이 과거에 존재했음을 보여준다. 예를 들어 익룡은 반은 조류이고 반은 파충류다. 발생학자들은 발육 과정에서 미성숙한 동물은 초기 형태가 반복되는 것을 발견했다. 포유류의 태아가 발달하는 어느 단계에서 물고기 아가미의 흔적이 보이는데, 이는 사실 전혀 쓸모가 없어서 계통사의 반복 발생 말고는 설명이 불가능하다. 진화가 있었다는 사실이나 자연선택이 진화의 중요한 요인이라는 점을 생물학자들에게 납득시키기 위해 다방면의 논의가 이루어졌다.

다윈주의는 코페르니쿠스주의와 마찬가지로 신학에 강력한 타격을 주었다. 다윈주의는 종의 고정성을 비롯해 「창세기」가 주장하는 많은 창조 행위를 버리도록 만들었다. 뿐만 아니라 생명의 기원 이후 시간의 경과를 가정할 필요를 만들어냈는데, 그것은 그리스도교 정통 신앙의 입장에서 볼 때 매우 충격적이었다. 동물들이 환경에 절묘하게 적응한다는 것이 사실로 밝혀진 이상 신이 자비롭다는 것을 입증하기 위해 동원된 많은 논리를 포기할 수밖에 없게 되었다. 무엇보다도 나빴던

것은 진화론자들이 인간은 하등한 동물의 후손이라고 굳이 주장한 점이다. 신학자나 교육 받지 못한 사람들은 진화론의 이 일면에 달려들었다. "다윈은 인간이 원숭이의 후손이라고 말하고 있다!"고 온 세계가 몸서리치며 외쳤다. 그 자신이 원숭이를 닮았기(실제로는 그렇지 않았다) 때문에 그렇게 믿는 거라고 사람들은 말했다. 내가 어렸을 때 가정교사는 엄청나게 진지한 태도로 "네가 다윈주의자라면 난 널 불쌍히 여길 거야. 다윈주의자이면서 그리스도교인일 수는 없거든"이라고 말했다. 오늘날까지 테네시 주에서 진화론을 가르치는 것은 위법이다. 왜냐하면 진화론은 신의 말씀에 반하는 것으로 여겨지기 때문이다.

흔히 있는 일이지만, 신학자들은 새로운 이론의 중요성을 그 옹호자들보다 더 빨리 인식했다. 옹호자들은 대부분 증거가 있으니만큼 어느 정도 확신은 했지만, 대체로 신앙심이 깊은 사람들이었으므로 가능한 한 신앙을 유지하고 싶어 했다. 진보, 특히 19세기에 이루어진 진보는 어떤 면에서는 다윈 옹호자들의 논리가 빈약했기 때문에 더 촉진된 면이 있다. 또 다른 변화를 받아들여야 하기 전에 그것에 익숙해지는 시간을 가질 수 있었던 것이다. 혁신을 통해 한꺼번에 논리적 귀결에 도달하면 습관에 대한 타격이 너무 커서 사람들은 모든 것을 거부하기 십상이다. 그러나 10년마다 혹은 20년마다 한 단계씩 밟아 나갈 수 있다면, 그다지 큰 저항 없이 진보의 길을 따

라갈 수 있다. 19세기의 위대한 사람들은 지적으로나 정치적으로나 혁명적이지 않았지만, 일단 개혁의 필요성이 압도적이라고 밝혀지면 기꺼이 개혁을 옹호했다. 혁신자들의 이 같은 조심스러운 기질은 19세기의 발전을 매우 빠르게 함으로써 사람들이 19세기를 주목케 하는 데 도움이 되었다.

신학자들은 다윈의 학설에 함축돼 있는 것을 대중보다 훨씬 더 분명하게 직시했다. 그들은 인간에게 불멸의 영혼이 있지만 원숭이에게는 없다는 점, 그리스도는 원숭이가 아니라 인간을 구원하기 위해 죽었다는 점, 인간은 옳고 그름을 판단하는 감각을 신으로부터 받았지만 원숭이는 오직 본능에 따라서만 움직인다는 점을 지적했다. 만약 인간이 눈에 띄지 않을 정도로 작은 단계들을 거쳐 원숭이로부터 발달한 거라면 신학적으로 중요한 이런 특성들은 갑자기 어느 순간에 획득했다는 말인가?

『종의 기원』이 나온 이듬해인 1860년, 영국 과학진흥협회에서 새뮤얼 윌버포스 주교는 벼락같은 목소리로 다윈주의를 규탄했다. "자연선택의 원리는 신의 말씀과 결코 양립할 수 없다!" 그러나 막힘없고 당당한 그의 웅변은 허사로 돌아갔고, 사람들은 다윈을 옹호한 토머스 헉슬리가 논쟁에서 이겼다고 생각했다. 사람들은 더 이상 교회의 심기를 건드릴까 봐 걱정하지 않았고, 동식물종의 진화는 생물학자들 사이에서 공식 학설로 인정받았다. 물론 옥스퍼드대학에서 학생들에게 이렇

게 말한 치체스터대학 학장 같은 이도 있었다. "최초의 부모인 아담이 창조된 역사를 문자 그대로의 분명한 의도에 따라 받아들이기를 거부하는 자들, 진화라는 현대적 몽상을 대신 그 자리에 앉히려는 자들은 인간 구원이라는 계획 전체를 무너뜨리려는 자들이다." 그런 교리를 믿지는 않았지만 그리스도교 정통 신학의 무관용을 유지하고 있던 토머스 칼라일도 다윈을 "오물을 숭배하는 사도"라며 비난했다.

과학에 문외한인 일반 그리스도교인들의 태도는 윌리엄 글래드스톤의 예에서 잘 드러난다. 당시는 자유주의적인 시대였지만, 자유당의 이 지도자는 그렇게 되지 않도록 최선을 다했다. 1864년 영원한 형벌을 믿지 않는다는 이유로 두 목사를 처벌하려다가 추밀원 사법위원회가 무죄를 선고하는 바람에 실패했을 때, 글래드스턴은 공포에 질려 만약 이 판결의 원칙이 답습된다면 "그리스도교 신앙의 유무에 대한 완전한 무관심이 정착될 것"이라고 우려를 표했다. 다윈의 학설이 처음 나왔을 때도 통치자로서의 삶에 익숙했던 글래드스턴은 그에 걸맞은 공감을 표하면서 "진화라고 불리는 것에 의해 하나님은 창조의 일에서 해방되셨다. 불변의 법칙이라는 이름 아래 신은 세상을 지배하고 통치하는 일에서 손을 떼게 되셨다"고 말했다. 하지만 그는 다윈에게는 전혀 개인적 반감을 품지 않았다. 그는 점차 태도를 바꿔 1877년 어느 때인가 다윈을 방문했을 때 내내 불가리아인의 잔학 행위에 대해서만 이

야기했다. 그가 돌아간 뒤 다윈은 매우 담담하게 "저런 위대한 사람이 나를 찾아오다니 얼마나 영광스러운 일인가!"라고 말했다. 글래드스턴은 다윈에게 어떤 인상을 받고 돌아왔는지 언급하지 않았다.

오늘날 종교는 진화론에 적응하는 동시에 새로운 논의를 이끌어내기까지 하고 있다. "하나의 목적이 시대를 지나며 점점 강화되고 있으며" 진화는 신이 원래부터 마음속에 품고 있었던 생각이 펼쳐지는 과정이라는 말이 나오기도 한다. 휴 밀러의 마음을 그토록 괴롭혔던, 즉 동물들이 무시무시한 뿔이나 고통을 안겨주는 침으로 서로를 고문하는 동안 전지전능한 신은 훨씬 더 심하게 고문하고 더 잔인하게 행동할 수 있는 능력을 갖춘 인간들이 마침내 출현하기를 기다리고 있었는지도 모른다. 그렇다면 창조주는 왜 곧바로 자신의 목적을 이루지 않고 굳이 어떤 과정을 거쳐 목적을 이루려고 했을까? 신학자들은 이에 대해 이야기하지 않는다. 그들은 창조의 영광스러운 완성에 대한 우리의 의문을 해소해줄 수 있는 그 어떤 말도 하지 않는다. 이는 글자를 배우고 난 아이들이 고작 이런 것을 익히려고 이토록 고생했나, 하는 느낌을 받는 것과 별반 다르지 않다. 하지만 이것은 그저 기호의 문제일 뿐이다.

진화론에 바탕을 둔 신학에 대한 보다 중요한 다른 반박이 있다. 이 학설이 유행하기 시작한 1860년대와 1870년대에 진보는 세계의 법칙으로 받아들여졌다. 우리는 해가 갈수록 더

부유해지지 않았는가? 세금이 줄어드는데도 예산이 남아돌지 않았던가? 우리가 만든 기계는 세상의 경이가 아닌가? 우리의 의회 정치는 계몽된 외국인들이 모방하려는 모범이 되지 않았는가? 그러니 진보가 무한히 지속되리라는 걸 그 누가 의심하겠는가? 진보를 낳은 과학과 기술력이 앞으로도 계속해서 더 큰 진보를 이루어낼 것이라고 사람들은 확신했다. 이런 세계에서는 일상생활 그 자체가 진화로 보였다.

하지만 그 당시에도 좀 더 반성적인 사람들의 눈에는 또 다른 면이 분명하게 보였다. 성장을 낳는 바로 그 법칙들이 동시에 쇠락을 낳는다. 언젠가는 태양도 식을 것이고, 지구에 사는 생명체들도 더 이상 존재하지 않게 될 것이다. 동식물이 존재한 시기 전체가 너무 뜨거웠던 시기와 너무 추워질 시기 사이의 막간에 불과할 뿐이다. 우주적 진보라는 법칙 따위는 존재하지 않으며 대신 에너지의 확산에 따라 천천히 하향하며, 아래위로 움직이며, 균형을 맞추는 진동만 있을 뿐이다. 적어도 이것이 과학이 현재 가장 개연성 있다고 여기는 것이며, 환상을 품지 않는 우리 세대가 믿을 만한 내용이다. 우리가 가진 지식에 비추어볼 때 궁극적으로 진화에서 그 어떤 낙관적인 철학도 논리적으로 타당하게 추론해낼 수 없다.

4 — 환자를 고문하던 시대를 넘어서

악마와 마법에 맞선 의학의 승리

인체와 질병에 대한 과학적 연구는 많은 미신과 싸워야 했다. 건강 개선과 수명 연장은 이 시대의 놀랍고도 감탄할 만한 특징이며, 더없이 감사할 일이다.

인체와 질병에 대한 과학적 연구는 많은 미신과 싸워야 했다. 어떤 면에서는 오늘날에도 여전히 싸우고 있다. 이러한 미신은 대부분 그리스도교가 만들어지기 이전에 생겼지만, 아주 최근까지도 교회 당국의 전적인 지지를 받았다. 질병은 죄 지은 자에게 내려지는 하나님의 천벌로 여기기도 했지만 악마의 소행으로 여기는 경우가 더 흔했다. 따라서 성인의 직접적인 개입 혹은 성인의 성물을 이용한 개입으로 치유될 수 있었다. 기도나 순례 혹은 (악마 때문인 경우) 퇴마 의식, 악마들(그리고 환자들)이 꺼려하는 치료법을 써서 낫게 할 수 있다고도 여겼다.

복음서에는 이를 뒷받침하는 내용이 많이 등장한다. 나머지 이론들은 교부教父들이 발전시켰거나 그들의 교리에서 자연스럽게 생겨났다. 성 아우구스티누스는 "그리스도인들에게 생기는 모든 병은 악마의 탓으로 돌려져야 한다. 이들은 갓 세례를 받은 신자들을 괴롭히는데, 심지어 죄 없는 갓난아기들까지도 괴롭히곤 한다"고 주장했다. 교부들의 저서에 등장하는 '악마들'은 그리스도교의 발전에 분노한 이교도의 신들을 의미한다고 이해하면 된다. 초기 그리스도교인들은, 올림포스 신들의 존재를 부정하지 않았지만, 그들을 악마의 하인쯤으로 여겼다.(이것은 존 밀턴이 『실낙원』에서 보여준 견해다.) 나지안조스의 성 그레고리우스는 의술이란 아무런 소용없는 행위일 뿐이며, 오히려 신성한 손을 몸에 얹어 효과를 보는 일이 자주 있다고 주장했다. 다른 교부들 역시 같은 견해를 표명했다.

성물의 효험에 대한 믿음은 중세를 거치면서 커져갔고, 지금도 사그라지지 않고 있다. 귀중한 성물은 그것을 소유한 교회와 도시에 커다란 수입원이 되었다. 그것은 에페수스인들이 사도 바울로에게 반대했을 때와 똑같은 동기로 작용했다. 성물에 대한 믿음은 그 실체가 드러나도 종종 살아남았다. 일례로 팔레르모에 보존되어 있던 성 로살리아의 유해는 질병을 고치는 효과가 있다고 사람들이 수백 년 동안 믿었다. 그러다 한 불경스러운 해부학자가 조사한 결과, 염소의 뼈로 밝혀졌다. 그럼에도 치료 효과를 보려는 사람들의 행렬은 계속됐다. 오늘날 우리는 어떤 병은 신앙의 힘만으로도 치유되지만 어떤 병은 그렇지 않다는 것을 안다. 치유의 '기적'이 일어나기도 한다는 것은 의심의 여지없는 사실이지만, 비과학적 분위기에서 만들어진 전설은 사실을 과장해 이런 방법으로도 고칠 수 있는 히스테리성 질병과 반드시 병리학에 근거해서 치료해야 하는 여타 질병의 구별을 지워버린다.

흥분된 분위기 속에서 전설이 어떻게 커져 나가는지는 제1차 세계대전 때 러시아인들이 영국을 거쳐 프랑스까지 진격했다는 풍문이 불과 몇 주 만에 퍼져 나간 특이한 사례를 통해 잘 알 수 있다. 이런 믿음의 근원을 추적할 수만 있다면, 의심의 여지가 없어 보이는 역사적 증거들 중에서 역사가들이 무엇을 믿어야 할지 판단하는 데 도움이 될 것이다. 흔치 않은 완벽한 예로 우리는 로욜라의 친구이자 동양으로 간 최초이자 가장

유명한 예수회 선교사인 성 프란치스코 사비에르가 행했다는 '기적'들을 예로 들 수 있다.[9]

사비에르는 인도, 중국, 일본에 오랫동안 머물다가 1552년 세상을 떴다. 그와 그의 동료들이 수행한 임무의 내용을 써서 보낸 편지가 많이 남아 있는데, 적어도 그가 생존했을 때 작성된 편지에서는 그에게 기적을 행하는 힘이 있다는 내용을 전혀 찾아볼 수 없다. 페루에 서식하는 동물들을 보고 매우 당황했던 바로 그 예수회 신부인 호세 데 아코스타는 이 선교사들이 이교도를 개종시키는 과정에서 기적의 도움을 받지 않았다고 분명하게 주장했다. 그러나 사비에르가 세상을 뜨자마자 바로 기적과 관련된 이야기들이 떠돌기 시작했다. 그가 쓴 편지들에는 일본어가 얼마나 배우기 어려운지, 실력 있는 통역가를 찾기가 얼마나 어려운지 등을 토로하는 내용이 빈번히 등장하는데, 사실 그는 어학에 뛰어난 재능이 있었다. 동료들이 바다에서 목이 마르다고 하자 소금물을 담수로 바꿔주었다는 이야기도 있다. 바다에서 십자가를 잃어버리자 게가 찾아주었다는 이야기도 있다. 이후에 나온 말에 따르면, 그 십자가는 그가 폭풍우를 잠재우기 위해 배 밖으로 던진 것이라고 한다.

1622년 사비에르가 성인으로 추대되었을 때, 바티칸 당국

9 이 주제는 화이트가 쓴 『과학과 신학의 전쟁』에서 잘 다루었다. 나 역시 이 책에서 큰 도움을 받았다.

을 만족시키기 위해 그가 기적을 행했다는 사실을 입증할 필요가 있었다. 그런 증거 없이는 그 누구도 성인이 될 수 없기 때문이다. 교황은 그가 어학에 재능이 있었음을 공인했고, 그가 기름 대신 성수로 등불을 켰다는 데 특별히 깊은 인상을 받았다. 이 교황은 갈릴레오가 말한 것을 믿을 수 없다고 말한 바로 그 우르바노 8세였다. 전설은 점점 부풀려졌다. 부우루 신부가 1682년에 쓴 성 사비에르의 전기에는 그가 죽은 사람 열네 명을 소생시켰다고 씌어 있을 정도다. 가톨릭 저술가들은 그에게 기적을 행할 힘이 있었다고 믿었다. 예수회의 콜리지 신부는 1872년 출간한 전기에서 그의 어학 재능을 다시 한 번 강조했다. 이 예에서 사비에르의 경우보다 사료가 적은 시기의 기적에 대한 설명들이 얼마나 신빙성이 적은지 미루어 짐작할 수 있다.

질병 치유의 기적을 믿었던 것은 구교도뿐만이 아니었다. 신교도 역시 마찬가지였다. 잉글랜드에서는 국왕이 환자를 만져 '왕의 악'이라고 불리는 병을 치료했는데, 성스러운 군주 찰스 2세는 10만 명의 몸에 손을 댔다고 한다. 시의侍醫는 60명이 그런 식으로 치료받았다고 공표했다. 또 다른 의사는 국왕이 손으로 만져서 치료한 수백 건의 사례를 직접 자기 눈으로 보았다고 말했다. 그중 많은 경우는 가장 유능한 의사의 의술로도 치유되지 않는 중병이었다. 기도서 안에는 기적적인 치유력을 행사할 때 거행된 특별한 예배에 대해 씌어 있다. 이

치유력은 제임스 2세, 윌리엄 3세, 앤 여왕에게로 이어졌는데, 하노버 왕가가 계승한 뒤에는 나타나지 않았다.

중세에 빈번하게 발생한 무서운 역병이나 흑사병은 때로는 악마의 탓으로, 때로는 신의 분노 탓으로 여겨졌다. 신의 분노를 풀어주려면 교회에 땅을 기부해야 한다고 권하는 성직자들도 많았다. 1680년 로마에 역병이 창궐하자 부당하게 무시되어온 성 세바스찬의 분노 때문이라는 주장이 제기됐다. 곧이어 그를 위한 기념비가 세워졌고 페스트의 유행은 멈췄다. 르네상스의 절정기인 1522년, 로마인들은 당시 로마 시를 덮친 역병의 원인에 잘못된 진단을 내렸다. 로마 시민들은 그 원인이 악마, 즉 고대 신들의 분노 때문이라고 보고 주피터에게 황소를 바쳤다. 그러나 아무런 소용이 없자 그들은 성모 마리아와 성인들을 달래기 위한 행렬 의식을 거행했는데, 진작 알았어야 했다는 생각이 들 정도로 훨씬 더 효과적이었다.

1348년 발생한 흑사병은 온갖 장소에서 온갖 미신이 만들어지는 계기가 되었다. 신의 노여움을 누그러뜨리기 위해 널리 사용된 방법 중 하나는 유대인 학살이었다. 바이에른에서 1만 2,000명, 에르푸르트에서 3,000명, 스트라스부르에서 2,000명이 화형 당했고, 그 밖에도 많은 희생자가 나왔다. 오직 교황만이 이런 광적인 학살에 항의했다. 흑사병으로 인해 가장 기묘한 영향을 받은 곳 중 하나는 시에나였다. 당시 다른 곳들의 상황을 알지 못한 채 성당을 크게 확장하기로 결정

하고 이미 공사를 많이 진행한 상태였는데, 시에나 시민들은 도시에 흑사병이 닥치자 웅장한 교회를 갖고 싶어 한 자신들의 자만심을 벌하기 위해 신이 벌을 내린 것이라고 생각했다. 이에 증축 공사를 중단했고, 오늘날까지도 미완성 상태 그대로 참회의 기념물로 남아 있다. 사람들은 이처럼 미신적인 방법이 질병과 싸우는 데 효과가 있다고 믿었다. 이런 이유로 의학을 과학적으로 연구하려는 시도는 극도로 위축되었다. 당시 의술을 행하던 의사들은 주로 유대인이었고, 이들이 활용한 지식은 이슬람교도에게 전수받은 것이었다. 사람들은 이들이 마법을 부린다고 의심했는데, 이들은 그런 분위기가 심각해질수록 치료비가 올라가 그런 의심을 은근히 즐겼던 것으로 보인다.

해부는 사악한 일로 간주되었다. 해부가 육체의 부활을 방해한다고 생각했을 뿐만 아니라, 교회는 피가 흘러나오는 것을 혐오했기 때문이었다. 교황 보나파시오 8세의 칙서가 잘못 이해된 결과, 해부는 사실상 금지되었다. 16세기 후반, 교황 비오 5세는 앞선 칙령을 개정했다. "신체적 질환은 죄 때문에 생기는 경우가 많다"며 의사들에게 환자가 찾아오면 우선 사제를 부르고 만약 사흘 안에 환자가 자신의 죄를 고백하지 않으면 더 이상의 치료를 거부하라고 명령했다. 후진적이었던 당시의 의료 상황을 감안하면 어쩌면 그가 현명했는지도 모른다.

정신장애를 치료하는 것은 쉽게 생각할 수 있는 것처럼 특히 미신적이었다. 이런 분위기는 의학의 다른 어떤 분야에서보다도 훨씬 오랫동안 유지됐다. 광기는 악마에 홀린 탓이라고 여겨졌다. 그런 견해에 대한 근거는 신약 성경에서 찾을 수 있었다. 정신장애 치료에는 때로 구마 의식을 치르거나 성물을 만지는 행위, 혹은 "악마여, 나오라" 하고 명하는 성직자의 말이 효과를 보였다. 때로는 마술적 요소가 종교에 섞여들기도 했다. 예를 들어 "악마가 사람을 붙들거나 몸 내부에서 병으로 사람을 지배할 때 루핀으로 만든 토사 음료, 베토니, 사리풀, 마늘을 한데 찧어 맥주나 성수를 더해 마셔라" 같은 식이었다.

다행히 이런 방법들은 크게 해가 되지는 않았지만, 사람들은 곧 악령을 쫓아내는 최상의 방법은 악령을 괴롭히고 그 자만을 꺾는 것이라고 생각하게 되었다. 왜냐하면 자만은 악마가 추락하는 원인이기 때문이다. 악취가 나거나 역겨운 재료들도 사용되었다. 악마와 싸우는 의식은 점점 더 길어지고 더 외설스러워졌다. 그런 방법으로 빈의 예수회 사제들은 1583년 1만 2,652마리의 악마를 몰아냈다. 그런 온건한 방법이 통하지 않을 때는 환자를 채찍질했다. 그래도 악마가 환자를 떠나지 않으면 환자를 고문했다. 수세기 동안 수없이 많은 정신착란자들이 야만적인 간수의 잔인함에 맡겨졌다. 이런 잔인함을 낳은 미신적 신앙이 더는 받아들여지지 않게 되고 나서도

미친 사람들은 가혹하게 취급 받아야 한다는 전통은 살아남았다. 잠을 재우지 않는 것은 공인된 방법이었고, 매질 또한 한 방법이었다. 조지 3세는 정신이 이상해지자 매를 맞았다. 그가 정신이 말짱했을 때도 사람들은 그저 그가 악마에 덜 사로잡힌 상태인 거라고 여겼다.

중세 시대에 정신이상을 다루는 치료법은 마법에 대한 믿음과 밀접하게 연결되어 있었다. 성경에는 "마녀는 살려두지 못한다"는 글귀가 나온다.(「출애굽기」 22장 18절) 웨슬리는 성경의 이 구절이나 여타 구절들을 근거로 "마법을 믿지 않는 것은 사실상 성경을 믿지 않는 것과 같다"고 주장했다. 나는 그가 옳다고 생각한다.[10] 사람들은 여전히 성경을 믿었고, 마녀와 관련해 성경에 나오는 명령을 수행하는 데 최선을 다했다. 성경이 여전히 윤리적으로 가치 있다고 생각하는 오늘날의 자유주의적 그리스도인들은, 한때 사람들이 진심으로 성경을 행동의 지침으로 받아들여서 수백만 명의 무고한 사람이 비참하게 죽어갔다는 사실을 간과하곤 한다.

마법이라는 주제, 그리고 주술이나 사술邪術이라는 그보다 더 큰 주제는 흥미로운 동시에 모호한 분야다. 인류학자들은 매우 원시적인 종족들을 대상으로 연구할 때조차 주술과 종교

10 쇠퇴해가던 마법에 반대해 「출애굽기」에 '마녀'라고 번역된 단어가 사실은 '암살자'를 뜻한다는 견해를 받아들이지 않는다면 말이다. 그러나 그렇게 하더라도 엔도르의 마녀를 없앨 수는 없다.

를 구별하려고 한다. 그러나 그들의 구별 기준은 자신들의 학문에는 적합할지 모르지만 우리가 강령술降靈術에 대한 박해에 흥미를 느낄 때 요구되는 기준에는 미치지 못한다.

윌리엄 리버스는 멜라네시아에 관한 매우 흥미로운 책 『의학, 주술, 종교』(1924)에서 이렇게 말했다. "나는 주술이란 인간이 의식儀式을 행하는 일련의 과정을 의미한다고 본다. 이 의식의 효력은 행위자 자신의 힘 혹은 의식에서 사용되는 어떤 대상물이나 과정 속에 깃들어 있거나 귀속된 특성으로 보이는 힘에 의존한다. 이에 반해 종교는 일련의 과정으로 구성되는데, 그 과정의 효력은 좀 더 숭고한 어떤 힘의 의지 또는 인간이 기원이나 속죄 의식을 통해 중재를 구하는 어떤 힘의 의지에 좌우된다." 이러한 정의는 성스러운 돌처럼 모종의 무생물에 기이한 힘이 깃들어 있다고 믿는 한편, 인간의 것이 아닌 모든 정신은 인간보다 우월하다고 여기는 사람들을 살펴볼 때 유용하다. 그러나 중세 그리스도인들이나 이슬람교도들에게는 어느 쪽도 사실이 아니었다. 그들이 현자의 돌이나 불로장생약에 불가사의한 힘이 있다고 여긴 것은 사실이지만, 이러한 것들은 과학적으로 설명 가능하며 실험을 통해 탐구되었다. 그것들에 내재되어 있다고 생각된 성질들이 라듐에서 발견된 성질보다 놀라운 것은 아니었다.

중세인들은 주술을 정령, 그중에서도 특히 악령을 불러내 도움을 청하는 일로 여겼다. 멜라네시아인들 사이에는 선한

영과 나쁜 영의 구별이 존재하지 않아 보이기도 하지만, 그리스도교 교리에서는 이러한 구별이 반드시 필요했다. 신뿐만 아니라 사탄 역시 기적을 행할 수 있다. 그러나 신은 선한 사람을 돕기 위해 기적을 행하지만, 악령은 악한 사람을 돕기 위해 기적을 행한다. 복음서에서도 드러나듯, 그리스도 시대의 유대인들은 이런 구별에 익숙했다. 그들은 그리스도가 마귀의 두목 벨제붑의 힘을 빌려 마귀들을 쫓아냈다고 비난했다. 중세의 주술이나 마법이 전적으로 그런 것은 아니지만, 많은 부분이 교회에 대한 모독으로 여겨졌다. 지옥의 힘과 결탁했다는 것이 바로 그것들이 죄가 되는 이유였다. 이상하게도 악마는 간혹 누군가 다른 사람이 행했다면 선행으로 보일 법한 일을 하기도 했다. 최근에는 없어졌을 수도 있지만 시칠리아에는 중세 시대부터 전통처럼 이어져 내려온 인형극이 있다. 1908년 나는 팔레르모에서 샤를마뉴와 무어인들 간의 전쟁을 다룬 인형극 하나를 봤다. 이 인형극에서 교황은 큰 전투를 앞두고 악마의 도움을 받는데, 전투 중 악마가 하늘에서 그리스도교도에게 승리를 안겨주는 장면이 있다. 이 탁월한 전과에도 불구하고 교황은 사악한 행동을 하는 인물로 그려지고, 이 승리를 결국 기회로 활용하지만 샤를마뉴가 충격을 받은 것은 당연한 일로 그려진다.

마법을 대단히 진지하게 연구하는 사람들 중에는 마법이란 그리스도교가 지배하는 유럽에서 살아남은 이교 숭배, 즉 그

리스도교 악마학에서 말하는 악령과 동일시되었던 이교 신들에 대한 숭배의 흔적이라고 주장하는 이들도 있다. 이교주의적 요소가 마법적 의식과 융합되었다는 증거는 많이 존재하지만, 그렇다고 마법의 기원을 이것에서만 찾기에는 무리가 있다.

그리스도교 이전 고대 사회에서 마법은 처벌 받아야 할 범죄였다. 고대 로마의 12표법에는 마법을 금지하는 조항이 있었다. 저 멀리 기원전 1100년까지 시대를 거슬러 올라가면, 일부 관리들, 그리고 람세스 3세의 하렘에 있던 여인들이 밀랍으로 왕의 형상을 만든 다음 주문을 외우며 왕의 죽음을 기원한 혐의로 재판에 넘겨진 일도 있었다. 작가 아풀레이우스는 서기 150년 마법을 행했다는 혐의로 재판을 받았는데, 부유한 과부와 결혼하면서 과부 아들의 심기를 건드렸기 때문이었다. 하지만 그는 오셀로처럼 자신의 타고난 매력을 이용했을 뿐이라고 호소해 재판정을 설득하는 데 성공했다.

마법이 처음부터 여성들만의 죄악으로 여겨진 것은 아니다. 여성에게 집중되기 시작한 것은 15세기부터였고 이때부터 17세기 말까지 마녀에 대한 박해는 광범위하고 가혹하게 행해졌다. 인노첸시오 8세는 1484년 마법에 대한 칙령을 내리고 마녀를 벌하기 위해 두 명의 이단심문관을 임명했다. 두 사람은 1489년, 오랫동안 권위를 인정받은 『여성 악인들을 위한 철퇴』라는 책을 펴냈다. 그들은 여성의 마음은 선천적으로 사악하기 때문에 마술은 남성보다 여성에게 더 자연스러운 것이

라고 주장했다. 당시 마녀를 향한 비난의 가장 흔한 이유는 악천후를 일으킨다는 것이었다. 마녀라는 혐의를 받은 여성에 대해 기다란 질문 목록이 만들어졌고, 이들은 기대된 답을 내놓을 때까지 고문대에서 가혹한 고문을 당했다. 독일에서만 1450~1550년 10만 명의 마녀가 대부분 산 채로 타살된 것으로 추정된다.

마녀 박해가 정점에 이르렀을 때조차 폭풍우, 엄청난 우박, 천둥소리나 번개가 정말 마녀라 불리는 여자들 때문에 일어나는지 여부를 놓고 위험을 감수하면서까지 의심한 용감한 합리주의자들이 있었다. 그러나 이들에게도 마찬가지로 자비가 베풀어지지 않았다. 이들은 인정받지 못했다. 16세기 말, 트레브 대학 총장이자 선거법정 재판장이었던 디트리히 플라데는 수많은 마녀들을 파문하는 과정에서 그들이 자백하는 이유가 어쩌면 그저 고문을 피하기 위해서일지도 모른다는 의심을 품기 시작했고, 결국 유죄 판결 내리기를 꺼려하게 되었다. 그는 악마에게 자신을 팔아넘긴 혐의로 고소당해 자신이 과거 남에게 가했던 같은 고문을 당했다. 그녀들처럼 그 역시 자신의 죄를 고백하고, 1589년 목이 졸려 화형 당했다.

신교도 구교와 마찬가지로 마녀를 박해했다. 제임스 1세는 이 일에 특히 열심이었다. 그는 악마학에 관한 책을 쓰기도 했다. 에드워드 코크가 법무대신으로, 프랜시스 베이컨이 하원 의원으로 있던 잉글랜드 통치 첫해에는 마녀와 관련해 훨

씬 더 엄격한 법을 만들었고 그 법은 1736년까지 효력을 유지했다. 이 법에 따라 수많은 고발이 이루어졌는데, 그중 한 사건에서 의학적 자문을 맡았던 토머스 브라운 경은 『의학 종교』에서 이렇게 역설했다. "나는 그동안 마녀가 존재한다고 믿어 왔고, 지금도 그것을 알고 있다. 마녀의 존재를 의심하는 자는 마녀를 부정할 뿐만 아니라, 정령도 부정한다. 간접적으로, 그리고 결과적으로 그런 자들은 이교도가 아니라 일종의 무신론자다." 사실 윌리엄 레키가 지적했듯, "유령이나 마녀를 믿지 않는 것은 17세기 회의론의 가장 주요한 특징이었다. 당초 이것은 공공연한 자유사상가들에게 한정돼 있었다."

잉글랜드보다 마녀 박해가 훨씬 심각했던 스코틀랜드에서 제임스 1세는 덴마크에서 돌아오는 항해 도중 자신을 괴롭힌 폭풍우의 원인을 발견하는 데 성공했다. 파이안 박사라는 사람은 고문을 받고, 이 폭풍은 리스에서 체 속에 실려 바다로 출범한 수백 명의 마녀 때문에 생겨났다고 고백했다. 버턴이 『스코틀랜드사』 제7권에 서술한 것처럼 "이 현상의 가치는 스칸디나비아 측 마녀 협동체에 의해 더욱 증대되었고, 양자는 악마학의 법칙들에 관한 결정적인 경험을 제공했다." 박사는 곧 자신의 고백을 철회했는데, 그러자 고문은 더 가혹해졌다. 다리뼈들이 부러졌으나 그는 꿋꿋하게 버텼다. 이 과정을 지켜보던 제임스 1세는 새로운 고문 방법을 고안해냈다. 박사의 손가락에서 손톱을 벗겨내고 바늘을 손가락 위까지 찔러 넣

었다. 그러나 오늘날 기록에도 남아 있듯, "악마가 그의 마음 속 깊이 살았기 때문에 그는 이전에 고백했던 모든 것을 완전히 부정했다." 그리하여 그는 화형되었다.[11]

마법을 금지하는 법은 잉글랜드에서 이를 폐지한 1736년과 동일한 법령에 따라 스코틀랜드에서도 폐지되었다. 하지만 스코틀랜드에서는 마녀에 대한 신앙이 여전히 존재했다. 1730년에 나온 한 법률 전문서에는 "마녀는 존재할지도 모르고, 지금까지 존재해왔으며, 아마 지금도 존재할지 모른다는 것은 내게는 너무도 명백한 일이다. 사정이 허락한다면 나는 하나님의 뜻에 따라 형법에 관한 보다 긴 저서에서 그 점을 분명히 하고 싶다"고 씌어 있기도 하다. 스코틀랜드 성공회에서 분리된 지도자들은 그 시대의 타락에 관한 성명서를 발표했다. 그들은 춤과 연극이 장려되는 것은 물론 "최근에는 마녀를 벌하는 형법이 폐지되기까지 했는데, 그것은 '너는 마녀를 살려두지 말지어다'라는 하나님의 문서에 명백히 반하는 것"이라며 불만을 제기했다.[12] 하지만 그 이후 마법에 대한 신앙은 스코틀랜드의 교양 있는 사람들 사이에서 급속히 쇠퇴했다.

서양의 국가들은 놀랍게도 거의 같은 시기에 마법에 대한 처벌을 폐지했다. 잉글랜드에서 마법을 행하는 자들을 처벌해

11 레키, 『유럽의 합리주의 역사』 제1권, 114쪽 참조.

12 버턴, 앞의 책, 제8권, 410쪽 참조.

야 한다는 믿음은 성공회 신자들보다 청교도들 사이에 더 강고하게 퍼져 있었다. 공화정 시절에도 튜더 왕조나 스튜어트 왕조 치하 못지않게 많은 이들이 마법을 행했다는 이유로 처형당했다. 왕정 복구와 함께 이 문제에 대한 회의주의가 퍼지기 시작했다. 마지막 처형은 1682년에 행해진 것이 확실하지만, 그보다 훨씬 후인 1712년까지도 처형이 행해졌다는 말이 있다. 이 해에 지방 성직자들의 선동으로 하트퍼드셔에서 재판이 열렸다. 판사는 범죄 혐의를 믿지 않았기 때문에 배심원들을 그 방향으로 이끌었다. 그럼에도 불구하고 이들은 피고인에게 유죄 판정을 내렸다. 그러나 판결은 파기되었고, 성직자들의 격렬한 항의가 이어졌다.

마녀에 대한 고문과 처형이 잉글랜드보다 훨씬 일상적이었던 스코틀랜드에서도 17세기 말 이후로는 이런 행위가 거의 사라졌다. 마녀가 마지막으로 화형된 해는 1722년 혹은 1730년으로 알려져 있다. 프랑스에서 마지막 화형은 1718년에 행해졌다. 미국의 뉴잉글랜드에서도 17세기 말 마녀 사냥을 위한 폭동이 격렬하게 일어난 이후로는 결코 되풀이되지 않았다. 하지만 곳곳에서 대중의 통념은 계속 유지되었고, 벽촌 지역에는 여전히 잔존해 있었다. 잉글랜드에서 이런 종류의 사건이 마지막으로 발생한 곳은 1863년 에식스였다. 한 노인이 마법사로 몰려 이웃 주민들에게 잔인하게 폭행당해 사망하는 일이 벌어졌다. 마법을 일종의 범죄로 규정한 법은 에스파

냐와 아일랜드에 가장 늦게까지 남아 있었다. 아일랜드에서는 마법을 처벌하는 법이 1821년이 되어서야 폐기되었다. 에스파냐에서는 1780년 한 주술사가 화형 당했다.

『유럽의 합리주의 역사』에서 마법의 문제를 길고 상세히 다룬 레키는 흑마술이 가능하다는 믿음이 사라진 것은 논쟁에서 패했기 때문이 아니라 법치에 대한 믿음이 확산되었기 때문이라는 흥미로운 지적을 했다. 그는 더 나아가 마법과 관련된 구체적인 논쟁의 무게 추는 지지자들 쪽으로 기울어 있었다고 말하기까지 했다. 마법의 지지자들은 성경을 인용해 자기주장을 펼칠 수 있었지만, 그 반대쪽은 성경이란 항상 믿을 수 있는 건 아니라고 감히 말할 수 없었던 사정을 감안하면 그리 놀라운 일도 아니다. 더욱이 과학 분야에서 최고의 지성이라고 일컬어지는 이들은 통속적인 미신에 관여하지 않았다. 더 적극적으로 해야 할 일들이 있기도 했고, 괜히 적을 만들 수도 있다는 두려움 때문이었다. 사건은 그들이 옳았음을 보여준다. 뉴턴의 작업 덕분에 사람들은 신이 자연을 창조하고 자연의 법칙들을 제정하면서 중대한 경우 말고는 그리스도교의 계시 같은 것을 새로이 내리거나 개입하는 일 없이 자신이 의도한 결과를 이끌어낸다고 믿게 되었다. 개신교도들은 그리스도교가 시작된 후 첫 1세기 혹은 2세기 때 기적이 일어나기는 했지만 그 후로는 더 이상 일어나지 않았다고 주장했다. 이어 만약 신이 기적을 통해 개입하지 않는다면 사탄이 그렇게 하는 걸 허

락할 리 없다고 지적했다.

과학적인 기상학이 발전함에 따라 빗자루를 타고 다니는 노파 따위를 동원해 폭풍의 원인을 설명할 필요가 더는 없어졌다. 그러나 번갯불이나 천둥에 자연법칙의 개념을 적용하는 일은 한동안 여전히 불경스럽게 여겨졌다. 신의 특별한 행위라고 믿었기 때문이다. 이러한 견해는 피뢰침의 사용을 반대하는 과정에서도 그대로 명맥을 이어갔다. 1755년에 매사추세츠주에 지진이 발생해 땅이 흔들렸을 때, 목사인 리처드 프라이스 박사는 자신의 설교집에서 이를 "현명한 프랭클린 씨가 발명한 철침" 탓으로 돌리며 이렇게 말했다. "보스턴에는 뉴잉글랜드의 다른 어느 곳보다 철침이 더 많이 세워졌는데, 그래서 보스턴의 땅이 더 끔찍하게 흔들린 것 같다. 오! 전능하신 하나님의 손에서 빠져나갈 길은 없다." 이런 경고에도 보스턴 사람들은 계속해서 철침을 세웠지만, 지진의 발생 빈도는 증가하지 않았다. 뉴턴의 시대 이후, 프라이스 박사 같은 관점은 점점 더 미신적인 것으로 치부되었다. 그리고 기적이 자연의 진행 과정에 개입해 간섭한다는 믿음이 사라져감에 따라 마법의 가능성에 대한 믿음도 사라졌다. 마법이 존재한다는 증거는 결코 반박된 적이 없다. 그저 더 이상 진지하게 검토할 필요를 느끼지 못하게 된 것뿐이다.

지금까지 살펴보았듯, 중세 내내 질병의 예방과 치료에는 미신적이거나 순전히 자의적인 방법이 동원됐다. 해부학과 생

리학 없이 보다 과학적인 방법을 쓰기란 불가능했다. 교회는 해부를 반대했는데, 해부학이나 생리학은 둘 다 해부를 행하지 않으면 불가능하다. 해부를 과학의 영역으로 끌어들인 인물은 베살리우스다. 그는 자신이 아끼는 의사를 잃으면 자신의 건강을 지키는 데 문제가 생길지도 모른다고 걱정한 황제 카를 5세의 시의 자리에 있었던 덕분에 한동안 공적인 비판을 피할 수 있었다. 카를 5세가 황제 자리에 있을 때 베살리우스에 관해 자문을 요청 받은 신학자들은 회의를 열고, 자신들이 생각할 때 해부는 신성모독이 아니라고 답했다. 그러나 덜 병약했던 펠리페 2세는 의심 받는 사람을 굳이 보호할 필요를 못 느꼈다. 베살리우스는 해부에 필요한 시체를 더 이상 얻을 수 없게 되었다. 교회는 인간의 몸 안에는 파괴할 수 없는 뼈가 하나 있으며, 그것이 육체가 부활하는 데 핵심적인 역할을 한다고 믿었다. 이와 관련해 질문을 받은 베살리우스는 그런 뼈는 본 적이 없다고 고백했다. 좋지 않은 발언이었지만, 그렇다고 큰 문제가 생기거나 하지는 않았다. 그러나 물리학에서 아리스토텔레스의 제자들이 그러했듯, 의학의 발전에 큰 장애가 되었던 갈레노스의 제자들은 그에게 강한 적대감을 느꼈고, 결국 그를 파멸시킬 기회를 찾아냈다.

베살리우스가 한 에스파냐 대공의 시신을 그 친척들의 동의하에 살펴본 적이 있는데, 그때 심장이 아직 살아서 뛰고 있는 징후가 해부용 칼 밑으로 관찰되었다.(적어도 그의 적들의 말로는

그랬다.) 그는 종교재판소에 살인 혐의로 고발되었다. 다행히 왕의 개입 덕분에 성지순례를 하는 것으로 속죄하라는 벌을 받는 데 그쳤다. 순례에서 돌아오던 길에 베살리우스는 배가 난파되는 사고를 당했고, 간신히 육지에 닿기는 했지만 탈진해 죽고 말았다. 그러나 그의 영향은 살아남았다. 그의 제자 중 하나인 팔로피우스가 뛰어난 업적을 남겼고, 덕분에 의학계는 인간의 몸 안에 무엇이 있는지 알아내려면 눈으로 직접 보고 관찰해야 한다는 것을 확신하게 되었다.

생리학은 해부학보다 늦게 발달했다. 혈액 순환을 발견한 윌리엄 하비(1578~1657)에 이르러서야 과학의 모습을 갖추기 시작했다. 베살리우스와 마찬가지로 시의였던 그는 처음에는 제임스 1세, 이후에는 찰스 1세의 시의로 일했다. 그러나 하비는 베살리우스와 달리 찰스 1세가 사망한 이후에도 아무런 박해를 받지 않았다. 그사이 의학적인 문제들에 관한 의견 개진이 특히 개신교 국가들에서는 훨씬 자유로워졌다. 그러나 에스파냐의 대학들에서는 18세기 말까지도 혈액 순환이 부정되었고, 해부 역시 여전히 의학 교육 과정에 포함되지 못했다.

오래된 신학적 편견은 많이 약해지기는 했어도 뭔가 새롭고 놀라운 것들이 등장할 때마다 다시 깨어났다. 천연두 예방접종은 신학자들의 거센 항의를 불러일으켰다. 소르본대학은 신학적 이유를 들어 반대를 표명했다. 영국국교회 사제 한 사람은 "욥의 종기"는 악마의 접종 때문에 생긴 것이 분명하다는

주장이 담긴 설교집을 펴내기도 했다. 많은 스코틀랜드 목사들이 예방접종은 “신의 심판을 좌절시키려는 시도”라는 선언에 동참했다. 그러나 천연두에 의한 사망률이 현저하게 줄어들자 신학적 공포는 질병에 대한 두려움을 대적할 수 없게 되었다. 게다가 1768년 예카테리나 여제와 아들까지 예방접종을 받았다. 그녀는 도덕적으로는 모범이 되지 못했지만, 현실적인 사리 분별이 필요한 문제에서는 안전한 안내자가 되었다.

사그라지기 시작했던 논란은 예방접종의 발견으로 다시 살아났다. 성직자들은 (그리고 의사들도) 예방접종을 “천국 자체에 대한, 심지어 신의 뜻에 대한 도전”으로 여겼다. 케임브리지대학에서는 예방접종을 반대하는 설교가 행해지기도 했다. 심지어 몬트리올에 천연두가 창궐한 1885년에도 가톨릭교도들은 성직자들의 지지를 등에 업고 예방접종에 반대했다. 한 사제는 이렇게 말했다. “만약 우리가 천연두에 걸린다면, 그것은 지난겨울 고기를 먹으며 사육제를 즐겨 신을 노하게 했기 때문이다.” 전염 지역 한복판에 있는 성당의 신부들은 예방접종을 끊임없이 비난했다. 그들은 다양한 종교 의식에 의지할 것을 신도들에게 권고했다. 성직자단의 승인 아래 성모 마리아에게 바치는 경건한 신심기도와 더불어 대규모 행렬 의식이 거행되었고 묵주를 사용하는 방법도 세세히 제시되었다.[13]

13 화이트, 앞의 책, 제2권, 60쪽 참조.

인간의 고통을 덜어주는 일을 신학이 막아선 또 다른 예는 마취법의 발견과 관련해서도 찾아볼 수 있다. 1847년 제임스 심프슨이 출산할 때 마취제를 사용할 것을 권장하자 성직자들은 신이 이브에게 했던 말을 들고 나섰다. "너는 아기를 낳을 때 몹시 고생하리라. 고생하지 않고는 아기를 낳지 못하리라." (「창세기」 3장 16절) 클로로포름의 영향 아래서 이브가 어떻게 슬픔을 느낄 수 있겠는가? 신이 아담의 갈비뼈를 떼어낼 때, 그를 깊은 잠에 빠지게 했다는 것을 근거로 대며 심프슨은 남자들에게는 마취제를 써도 아무런 해가 없다는 걸 입증했다. 그러나 남성 성직자들은 여자들의 고통, 적어도 출산의 고통과 관련해서는 여전히 확신하지 못했다. 「창세기」의 권위가 인정되지 않는 일본에서도 사람들이 여전히 여성은 고통을 경감해줄 어떠한 인위적인 조치 없이 출산의 고통을 견뎌내야 한다고 생각했다는 점에 주목해도 좋을 것이다. 여성의 고통 속에 뭔가 즐길 만한 것이 있다고 생각하고, 고통을 피할 정당한 이유가 있을 때조차 참고 견디는 것을 의무화하는 신학적 혹은 윤리적 관례에 많은 남성이 집착하는 경향이 있다고 결론을 내리는 데 대놓고 반대하기는 쉽지 않다. 신학이 저질러온 해악은 잔혹한 충동을 만든 것이 아니라, 그런 충동을 고상한 것이라고 추켜세우고 승인해주었을 뿐만 아니라 무지하고 야만적인 시대로부터 내려온 관행들에 그럴듯한 신성함을 부여해주었다는 것이다.

의학적 문제들에 대한 신학의 개입은 계속됐다. 산아제한 같은 주제나 낙태의 법적 허용에 관한 의견은 특히 성경 구절이나 교령의 영향을 받았다. 예를 들어, 교황 비오 11세가 발표한 결혼에 관한 회칙을 보자. 그는 산아제한을 하는 사람은 "자연을 거스르는 죄를 범하고 수치스럽고 본질적으로 잔인한 짓을 하는 사람이다. 신께서 이 끔찍한 범죄를 극도로 혐오하시며 때로 그것을 죽음으로 벌하셨음이 성경에 증언돼 있는 것은 그리 놀라운 일이 아니다"라고 말했다. 그는 계속해서 「창세기」 38장 8~10절에 대해 성 아우구스티누스가 한 말을 인용했다. 그는 산아제한을 비난할 이유는 이것만으로도 차고 넘친다고 생각했다. 경제적 문제에 대해서도 그는 "극도로 빈곤한 상황에서 아이들을 기르느라 크나큰 어려움을 겪는 부모들의 고통을 보노라면 마음이 많이 아프다"면서도 그러나 "본질적으로 악한 모든 행위를 금지하는 신의 법을 저버리는 것을 정당화할 수 없다"고 못 박았다.

'의학적 혹은 치료상'의 이유, 즉 여성의 생명을 구하기 위해 반드시 임신중절이 필요한 경우라도 "도대체 그 어떤 변명이 아무런 죄가 없는 사람을 직접 죽이는 것에 대한 충분한 이유가 될 수 있단 말인가? 산모에게 가해지든 아이에게 가해지든 이것은 '너는 살인하지 말지어다'라는 신의 계율과 자연의 법칙에 반하는 일이다"라고 지적했다. 계속해서 그는 이 구절이 전쟁과 사형을 비난하지는 않는다고 설명하며, 이렇게 결

론을 내렸다. "올바르고 숙련된 의사는 산모와 아이의 생명을 모두 지키기 위해 각고의 노력을 다한다. 그것은 높이 평가받아 마땅한 일이다. 반대로 의술을 행한다는 미명 아래, 혹은 오도된 동정이라는 동기로 산모나 아이의 목숨을 잃게 한다면 고귀한 의술을 행할 자격이 전혀 없음을 스스로 드러내는 것이나 다를 바 없다." 이렇듯 가톨릭 교리는 하나의 성경 구절에서 유래한다. 뿐만 아니라 인간 발달의 가장 초기 단계라고 할 수 있는 태아에게도 적용할 수 있다고 여겨진다. 이 후자의 의견은 태아에게도 신학적으로 '영혼'이라고 불리는 것이 있다는 믿음에 근거하는 것이 분명하다.[14] 이런 전제들에서 도출된 결론들은 옳을 수도 있고 그를 수도 있지만, 어느 경우든 이것들은 과학이 인정할 수 있는 주장이 아니라는 내용을 담고 있다. 교황이 언급한 사례에서 의사들이 예측하는 산모의 죽음은 살인이 아니다. 왜냐하면 그런 일이 실제로 발생할지 의사들은 결코 '확신'할 수 없기 때문이다. 산모가 기적에 의해 목숨을 건질 수도 있다.

지금까지 살펴본 바와 같이, 신학은 특별히 윤리적 문제와 관련 있어 보이는 영역에서는 의학에 개입하려는 시도를 여전히 멈추지 않았지만, 과학으로서 독립을 얻기 위해 의학이 벌

14 이전에 신학자들은 남성 태아는 40일째, 여성 태아는 80일째 영혼을 얻게 된다고 생각했다. 현재 지배적인 견해는 성별에 상관없이 40일째 얻는다는 것이다. 조지프 니덤, 『발생학의 역사』, 58쪽 참조.

인 전투들은 거의 모든 영역에서 의학의 승리로 끝났다. 공중위생과 개인위생을 통해 전염병을 예방하는 일이 피해야 할 불경한 행위라고 생각하는 사람은 이제 아무도 없다. 질병은 신이 내리는 것이라고 생각하는 사람들이 일부 존재했지만, 그들조차도 질병을 피하려는 노력이 불경한 행위라고 주장하지는 않았다. 그 결과로 얻게 된 건강 개선과 수명 연장은 이 시대의 가장 놀랍고도 감탄할 만한 특징이다. 설령 과학이 인류의 행복을 위해 다른 아무것도 하지 않았더라도, 이 점만으로도 우리는 과학에 감사해야 한다. 신학적 교리의 유용성을 믿는 사람들도 과학이 인류에게 가져다준 유익함에 필적할 만한 것을 교리에서 찾기는 힘들 것이다.

5 — 과학, 인간의 마음을 향하다

영혼과 육체

어원으로 보면 '심리학'은 '영혼에 관한 이론'이라고 할 수 있다. 하지만 자신의 연구 주제가 영혼이라고 말할 심리학자는 단 한 사람도 없을 것이다.

중요한 모든 과학 지식 분야 중에서 가장 발전이 덜 된 분야는 심리학이다. 어원으로 보면 '심리학psychology'은 '영혼에 관한 이론'이라고 할 수 있다. 그런데 영혼은 신학자들에게는 친숙한 말이지만 과학적 용어로 간주하기는 어려운 개념이다. 자신의 연구 주제가 영혼이라고 말할 심리학자는 단 한 사람도 없겠지만, 그것이 무엇이냐는 질문에 대답하기도 쉬운 일은 아닐 것이다. 심리학은 정신적 현상을 다룬다고 말하는 사람도 있는데, 그 '정신적' 현상이라는 것이 혹시 물리학에서 다루는 자료와 어떻게 다른지 말해달라고 하면 당황할 것이다. 심리학이 던지는 근본적인 질문은 그 즉시 우리를 철학적 불확실성의 영역으로 데려간다. 정확한 실험적 지식이 부족하기 때문에, 심리학은 근본적인 질문을 피해 가기가 다른 과학 분야들보다 더 어렵다. 그럼에도 뭔가 성과가 있어왔고, 과거의 오류도 많이 수정되었다. 이 오류들 중 상당 부분은 원인이나 결과가 신학과 결부되어 있다. 하지만 우리가 지금까지 논의한 다른 문제들에서와는 달리 사실과 관련된 성경의 오류라든가 특정한 성경 구절의 오류가 문제가 된 것은 아니다. 오히려 정통 교리 체계를 형성하는 데 없어서는 안 되는 것으로 여겨온 형이상학적 이론들과 연관돼 있다.

그리스인들의 사유 속에 '영혼'이라는 개념이 처음으로 나타났을 때, 거기에는 그리스도교적인 것은 아니지만 아무튼 종교적 기원이 있었다. 적어도 그리스인들에게 그것은 피타고

라스학파의 가르침에서 기원한 것으로 보이는데, 환생을 믿은 이 학파가 추구한 궁극적 구원은 육체에 붙어 있는 한 영혼이 반드시 겪을 수밖에 없는 물질적 굴레에서 해방되는 것이었다. 피타고라스학파는 플라톤에게 영향을 주었고, 플라톤은 그리스도교의 교부들에게 영향을 주었다. 영혼을 육체와 별개의 어떤 것으로 여기는 가르침은 이렇게 해서 그리스도교 교리의 일부가 되었다. 다른 영향들이 더해지기는 했지만, 아리스토텔레스와 스토아학파의 영향이 가장 두드러졌다. 플라톤주의 철학, 그중에서도 특히 후기 형태는 교부 철학에서 가장 중요한 이교도적 요소였다.

플라톤을 보면, 이후 그리스도교가 설파한 것과 꽤 유사한 교리들이 철학자들이 아닌 일반 대중 사이에 널리 퍼져 있었던 것 같다. 『국가』 속의 한 등장인물은 이렇게 말한다. "소크라테스 선생! 사람은 자기가 죽을 때가 되었구나 하는 생각이 들 무렵이면, 이전에는 전혀 없던 두려움과 근심이 찾아든답니다. 저승의 일들과 관련해서 전해오는 이야기, 이를테면 이승에서 올바르지 못한 짓을 저지른 자는 저승에서 그 벌을 받아야만 된다든가 하는 이야기를 여태까진 웃어넘겼지만, 이때쯤 되면 진짜가 아닐까 싶어 그의 마음을 괴롭히지요." 책 속 또 다른 대목을 보면 "무사이오스와 그의 아들 에우몰포스가 신들이 올바른 사람들에게 내린다고 묘사한 축복은 이런 것들(이승에서의 부)보다 더 참신한 것"임을 알게 된다. 왜냐하면 "이

들은 올바른 사람들을 하데스에게 인도하여 침상에 기대앉게 한 다음, 머리에 화환을 두르게 하고선 경건한 자들의 향연을 베풀어주어 이후로 온 세월을 술에 취한 상태로 지내게" 하기 때문이다. 무사이오스와 오르페우스는 계속해서 "개개인뿐만 아니라 나라들에 대해서도 설득하기를, 제물과 즐거운 놀이를 통한 면죄와 정화의 의식은 아직 살아 있는 자들뿐만 아니라 죽은 자들을 위해서도 존재하며, 이러한 입교 의식은 우리를 저승의 나쁜 일들에서 벗어날 수 있게 해주지만, 제물을 바치는 의식을 치르지 않은 자들에겐 계속 무서운 일들이 기다리고 있다"고 했다. 『국가』에서 소크라테스 역시 다음 생은 즐거운 것으로 묘사되어야 하며, 그건 전투에서 용기를 북돋아주기 위해서라고 주장했다. 그러나 자신이 이것을 진리로 여기고 있는지에 대해서는 밝히지 않았다.

고대에는 주로 플라톤주의 철학의 영향을 받았던 그리스도교 철학자들의 교리는 11세기 이후로는 주로 아리스토텔레스 철학의 영향을 받게 된다. 최고의 스콜라 철학자로 공인된 토마스 아퀴나스(1225~1274)는 오늘날까지도 로마 가톨릭교회에서 철학적 정통성을 판단하는 기준으로 여긴다. 바티칸의 통제를 받는 교육기관의 교사들은 역사적 맥락에 관한 관심사로 데카르트, 로크, 칸트, 헤겔의 체계를 자세히 설명할 수는 있지만, 유일하게 '참'인 체계는 아퀴나스, 즉 '치천사 박사'의 체계임을 분명히 해두어야만 한다. 아퀴나스의 저서를 번역

하는 사람들이 그러하듯, 아퀴나스가 '부모가 모두 식인종이고 그 자신도 식인종인 사람이 부활할 때 그 식인종의 육체에 무슨 일이 일어나는가' 하는 문제에 대해 논의를 펼치는 걸 두고 그가 농담을 하고 있다고 받아들이는 것 정도가 그들이 누릴 수 있는 자유의 최대치다. 그와 그의 부모가 먹은 사람들은 명백히 그의 육체를 구성하는 살들에 대해 우선권이 있으므로, 제각기 자기 것을 요구하고 나서면 그에게는 남는 것이 별로 없을 것이다. 이것은 사도신경이 확언한 육체의 부활을 믿는 사람들에게는 정말로 어려운 문제다. 이와 관련된 난처한 문제들을 진지하게 논의하지 않고 그저 농담으로 취급하면서 그리스도교 교의를 지키려 든다면, 우리 시대의 정통 교리가 지적으로 얼마나 부실한지 여실히 드러날 수밖에 없다. 육체의 부활에 대한 믿음이 아직까지도 얼마나 굳건히 남아 있는지는 그리스도교인들이 화장火葬을 반대하는 이유가 바로 이러한 믿음 때문이라는 점을 생각해보면 잘 알 수 있다. 화장은 개신교 국가뿐만 아니라 거의 모든 가톨릭 국가에서 반대하는 장례 방법이다. 심지어 가톨릭의 영향에서 벗어난 프랑스 같은 나라에서도 마찬가지다. 내 형이 마르세유에서 화장됐을 때, 장의사는 신학적 편견 때문에 이전에는 화장을 치러본 적이 거의 없다고 내게 말했다. 전능한 신일지라도 구더기나 흙의 상태로 교회 묘지에 남아 있지 않고 기체가 되어 대기 중으로 흩어져버린 인간 육체의 여러 부분들을 다시 짜 맞추는 것

은 좀 어려운 일인가 보다. 이런 생각을 겉으로 드러냈다가는 이단이라는 낙인이 찍히기 십상이다. 하지만 이것은 의심할 여지없이 정통론자들 사이에 널리 받아들여지고 있는 견해다.

영혼과 육체는 스콜라 철학(여전히 로마의 철학인)에서는 둘 다 '실체'다. '실체'는 통사론에서 나온 개념이며, 통사론은 우리가 사용하는 언어의 구조를 결정한 원시 종족들의 다소 무의식적인 형이상학에서 나왔다. 문장은 주어와 서술어로 나뉘는데, 주어와 서술어로 둘 다 쓰이는 단어도 있지만 오직 주어(아주 엄밀한 의미는 아닐지라도)로만 쓰이는 단어도 있다. 바로 이런 단어들(고유명사가 가장 좋은 예다)이 '실체'를 뜻한다. 실체와 동일한 개념을 나타내는 일반적인 단어로는 '사물'이 있다. 인간 일반에 적용할 경우, '사람' 같은 단어를 들 수 있다. 실체라는 형이상학적 개념은 어떤 사물이나 사람이 상식적으로 의미하는 바에 정확성을 부여하기 위한 시도일 뿐이다.

예를 하나 들어보자. 우리는 "소크라테스는 현명했다" "소크라테스는 그리스인이다" "소크라테스는 플라톤을 가르쳤다" 등의 말을 할 수 있다. 이런 진술들은 각기 다른 속성을 소크라테스에게 부여한다. "소크라테스"라는 단어의 의미는 이 모든 진술에서 정확히 동일하다. 소크라테스라는 사람은 자신의 속성들과는 다른 무엇, 즉 그 속성들이 '내재'한다고 말할 수 있는 무엇이다. 자연적 지식(신의 통제하에 있지 않은 필연적 진리에 대한 지식 – 옮긴이)은 우리가 사물을 그 속성들에 따라 인식

할 수 있게 해줄 뿐이다. 만약 소크라테스에게 완전히 똑같은 속성을 지닌 쌍둥이 형제가 있다면, 우리는 그 둘을 구별할 수 없다. 그렇지만 하나의 실체는 그 속성들의 총합과는 다르다. 이것은 성체성사 교리에서 가장 뚜렷하게 볼 수 있다. 실체변화實體變化에서 빵의 속성은 그대로 남아 있지만, 그 실체는 그리스도의 육체가 된다. 근대 철학의 발흥기에 데카르트에서 라이프니츠에 이르는 철학자들 중 스피노자를 제외한 모든 혁신적인 철학자가 자신들의 이론이 실체변화와 양립한다는 것을 증명하기 위해 각고의 노력을 기울였다. 교회 당국은 오랫동안 주저하다가 안전한 이론은 오직 스콜라 철학 안에서만 찾을 수 있다고 결론을 냈다.

따라서 우리는 계시와는 별도로, 어느 때 보인 어떤 사물이나 사람이 다른 때에 보인 어떤 유사한 사물이나 사람과 동일한지 동일하지 않은지 결코 확신할 수 없다. 사실 우리는 오류라는 영원한 희극에 노출되어 있다. 로크의 영향을 받은 추종자들은 그가 감히 내딛지 못한 발걸음을 내딛었다. 실체라는 개념의 유용성을 전면 부정한 것이다. 이들은 소크라테스에 대해 우리가 알 수 있는 모든 것은 그가 가진 속성 덕분이라고 말했다. 소크라테스가 언제 어디서 살았는지, 외모가 어땠는지, 무엇을 했는지 등에 대해 말했다면 우리는 그에 대해 우리가 말할 수 있는 것 전부를 말한 셈이다. 마치 바늘집에 담긴 바늘처럼 그의 속성들이 내재한 전혀 알 수 없는 뭔가 핵심

적인 것이 있다고 가정할 필요가 전혀 없다. 절대적으로, 그리고 본질적으로 알 수 없는 것은 그것이 실제로 존재하는지 여부조차 알 수 없고, 존재한다고 가정하는 것조차 아무 의미가 없다.

여러 속성들을 갖고 있기는 하지만 그 속성 혹은 속성들 전부와는 또 다른 어떤 것이라는 실체 개념은 데카르트, 스피노자 및 라이프니츠에 의해 유지됐다. 강도가 아주 약해지기는 했지만, 이 점은 로크도 마찬가지였다. 그러나 이것은 흄에 의해 거부되었고, 점차 심리학이나 물리학의 영역에서도 밀려났다. 이 같은 일이 벌어진 과정에 대해서는 곧 설명할 테지만, 우선 이 이론의 신학적 의미와 이 이론을 부정함으로써 생겨나는 어려움들에 대해 짚고 넘어가야 한다.

먼저 육체를 살펴보자. 실체의 개념이 유지되는 한, 육체의 부활은 지상에 살아 있을 때 육체를 구성했던 실제 물질의 재구성을 의미한다. 실체는 많은 변형을 거쳤을지 모르지만, 그럼에도 동일성을 유지한다. 만약 어떤 물질이 속성들의 조합에 지나지 않는다면, 그러한 속성들이 변화할 때 그 동일성은 없어진다. 따라서 이 경우 부활한 천상의 육체가 한때 지상의 육체였던 '것'과 동일하다는 말은 아무런 의미도 없게 된다. 이상하게도 이러한 어려움들은 현대 물리학에서도 유사하게 생겨난다. 원자는 전자들을 거느리고 있으며 갑작스럽게 변화하기 쉬운데, 변화한 후에 보이는 전자들과 그 전에 보았던

전자들은 결코 동일시될 수 없다. 각각의 것은 관찰 가능한 현상들을 하나로 묶어서 분류하는 데 필요한 방법일 뿐, 변화를 거치고도 동일성을 보존하는 데 필요한 '실재reality' 같은 건 없다. '실체'를 포기한 결과는 육체보다는 영혼과 관련해 더 심각하게 나타난다.

그 결과는 매우 서서히 나타났다. 왜냐하면 약화된 여러 형태의 낡은 이론들이 한동안은 여전히 옹호될 가치가 있는 것으로 여겨졌기 때문이다. 신학적 의미를 피해보려는 시도로 먼저 '영혼'이라는 말은 '마음'이라는 말로 대체되었다. 이어서 '주체subject'라는 말로 대체되었고, 이 말은 '주관적subjective'과 '객관적objective'이라는 대비되는 용어로 여전히 남아 있다. 이 중 '주체'와 관련해 몇 마디 더 하고 넘어가야 할 것이다.

오늘의 나와 어제의 내가 똑같은 사람이라는 말에는 분명 '어떤' 의미가 있다. 더 분명한 예를 들어보자. 만약 내가 어떤 한 사람을 보면서 동시에 그가 말하는 것을 듣고 있다면 보고 있는 나와 듣고 있는 내가 같다는 데는 '어떤' 의미가 있다. 따라서 내가 무언가를 지각할 때 나와 그것 사이에는 어떤 관계가 있다고 여기게 된다. 즉 지각하는 나는 '주체'고 지각되는 것은 '객체'다. 불행히도 주체에 대해 우리가 알 수 있는 것은 아무것도 없는 것으로 판명되었다. 주체는 항상 다른 것들을 지각하고 있지만 정작 그 자신은 지각할 수 없다. 대담하게도

흄은 주체라는 것은 없다고 부정했지만, 그렇다고 주체가 부정되는 것은 결코 아니다. 흄은 이런 질문들에 답할 수 없었다. 그는 답을 찾을 생각이 아예 없었지만 다른 사람들에게는 그런 대담함이 없었다.

흄의 물음에 답하려 시도한 칸트는 자신이 그 출구를 찾아냈다고 생각했는데, 그 출구는 그 자체의 모호함 때문에 오히려 심오하게 비쳤다. 그는 우리가 무언가를 지각할 때 그것이 우리에게 작용한다고 했다. 그러나 우리는 우리 본성상, 있는 그 자체가 아니라 온갖 주관적인 것들을 덧붙인 결과로 나타나는 그 무엇을 지각할 수밖에 없다. 이렇게 덧붙여진 것들 가운데 가장 두드러진 것이 시간과 공간이다. 칸트에 따르면 우리는 본성상 물자체物自體가 시간과 공간 안에 있는 것처럼 볼 수밖에 없지만 사실은 그렇지 않다. 그리고 물자체로서의 자아(혹은 영혼)도 관찰 가능한 현상으로서 시간과 공간 모두에 존재하는 것처럼 보이지만 사실은 그렇지 않다. 우리가 지각을 통해 관찰할 수 있는 것은 현상적 객체에 대한 현상적 자아의 관계다. 그러나 이 둘의 배후에는 실제 '자아'와 실제 '물자체'가 존재하며 우리는 그 어느 쪽도 관찰할 수 없다. 그렇다면 이것들이 존재한다고 가정해야 하는 이유는 무엇일까? 종교와 도덕을 위해서 반드시 필요하기 때문이다. 인간은 과학적 수단으로는 진정한 자아에 대해 아무것도 알 수 없지만, 자아에는 자유의지가 있고, 덕이 있을 수도 혹은 죄를 지을 수도 있

으며, (시간 속에서는 아닐지라도) 불멸하며, 이곳 지상에서는 선인들이 고통을 받는 부정의가 천국에서는 기쁨으로 보상받아야 한다는 것을 우리는 알고 있다. 이러한 이유로 칸트는 '순수' 이성은 신의 존재를 증명할 수 없지만, '실천' 이성으로는 가능하다고 생각했다. 그것이야말로 우리가 도덕의 영역에서 본능적으로 알고 있는 것의 필연적 결과이기 때문이다.

하지만 철학은 이렇게 어중간한 지점에 오래 머물 수 없다. 칸트 학설의 회의론적 부분은 정통설을 구하려고 시도한 부분보다 더 영속적인 가치가 있음이 입증되었다. 그 불가지성이 강조된 낡은 '실체'에 지나지 않는 물자체의 존재를 가정할 필요가 없게 되었다. 칸트의 이론에 따르면 관찰 가능한 '현상들'은 단순히 외견상의 것이며, 그것들의 배후에 있는 실재는 윤리의 요청이 아니라면 우리는 그저 그것이 존재한다는 사실만을 알 뿐이다. 칸트가 제시한 사유의 계보가 헤겔에 이르러 정점에 달한 후, 칸트의 후계자들은 '현상'은 그게 무엇이든 우리가 알 수 있는 어떤 실재를 가지며 지각될 수 없는 것에 속하는 어떤 우월한 실재를 가정할 필요가 없다고 확신했다. 물론 그런 우월한 종류의 실재라는 것이 '있을 수도' 있지만 그것이 '반드시' 존재한다는 것을 증명하는 논거는 박약하다. 따라서 무수한 가능성 중 하나에 불과하며, 현재 알 수 있거나 혹은 앞으로 알 수 있게 될지도 모르는 것의 영역 밖에 있으므로 무시되어야만 한다. 그리고 우리가 알 수 있는 영역 안에서는

실체라는 개념 혹은 주체나 객체의 형태로 변형되어 등장하는 개념이 들어설 여지가 전혀 없다. 우리가 관찰할 수 있는 일차적인 사실들에는 이러한 이원론이 없으며, 우리가 '사물들'이나 '사람들'을 현상의 집합에 불과하다고 볼 만한 이유가 전혀 없다.

영혼과 육체의 관계를 생각할 때, 현대 철학과의 조화가 어려웠던 부분은 실체 개념뿐만이 아니었다. 인과법칙과 관련해서도 같은 어려움이 있었다.

원인이라는 개념은 주로 죄와 관련해서 신학 속으로 들어왔다. 죄는 의지의 속성이고, 의지는 행위의 원인이다. 그러나 의지는 그 자체로 반드시 선행하는 원인들의 결과일 수 없다. 만약 그렇다면 우리는 자신의 행위에 책임을 지지 않아도 된다. 따라서 의지는 (적어도 가끔은) 원인이 없어야 한다는 것과 의지 그 자체가 원인이어야 한다는 것은 죄라는 개념을 지켜내는 데 똑같이 필요했다. 이것은 정신적 현상의 분석과 관련해서도, 그리고 몸과 마음의 관계와 관련해서도 수많은 전제들을 포함하고 있고, 따라서 시간이 지나며 이런 명제들 가운데 일부는 유지하기가 매우 힘들어졌다.

첫 난점은 역학의 여러 발견과 더불어 생겨났다. 17세기를 거치면서 실험과 관찰을 통해 참이라고 밝혀진 법칙들이 물질의 모든 운동을 완벽하게 결정한다는 것이 명백해졌다. 동물이나 인간의 몸을 예외로 할 이유도 전혀 없어 보였다. 데

카르트는 ‘동물’은 자동기계라는 추론 결과를 이끌어냈지만, ‘인간’에 대해서는 의지가 신체 운동을 일으킬 수 있다고 생각했다. 하지만 물리학의 진보는 곧 그의 절충안이 불가능하다는 것을 보여주었고, 그의 후계자들은 마음이 몸에 어떤 영향을 줄 수 있다는 견해를 포기했다. 그들은 몸 역시 마음에 전혀 영향을 줄 수 없다고 주장함으로써 균형추를 맞추려 했다. 그 결과 이들은 마음과 몸이 각각의 법칙에 따라 병행하고 대응한다는 심신병행설이라는 이론에 도달했다. 예를 들어 당신이 어떤 사람을 만나 “안녕하십니까?” 하고 인사하려고 결정한다면, 그때 당신의 결정은 마음의 계열에 속한다. 그러나 그 결정의 결과로 ‘보이는’ 입술이나 혀나 후두의 움직임은 전적으로 기계적인 원인을 갖는다. 이들은 몸과 마음 둘 다를 정확한 시간을 나타내는 두 개의 시계와 비교했다. 두 시계는 서로에게 어떠한 영향도 미치지 않지만 한 시계가 정각을 가리키면 두 시계 모두 종이 울린다. 만약 당신이 한 시계만 볼 수 있고 다른 시계는 그저 소리만 듣고 그 존재를 알 수 있다면 당신은 당신이 볼 수 있는 시계가 다른 한 시계의 ‘원인이 된다’고 생각할 것이다.

이 이론은 믿기 어렵다는 것 외에 자유의지를 구해낼 수 없다는 약점이 있다. 이 이론에 따르면 몸의 상태와 마음의 상태가 정확히 대응한다고 가정함으로써 한쪽을 알면 다른 한쪽도 이론적으로 추론할 수 있다. 이러한 대응 법칙을 아는 사람은

충분한 지식과 기술만 있다면 몸에서 일어나는 일뿐만 아니라 마음 속에서 일어나는 일도 예측할 수 있다. 어느 경우든 마음의 의지는 몸의 변화가 뒤따르지 않는다면 아무 데 쓸모도 없어진다. 당신이 "안녕하십니까?"라고 말하는 것은 신체적 행위이고, 따라서 그 말을 언제할지 결정하는 것은 물리 법칙의 지배를 받는다. 하지만 정반대로 말해야 하는 상황이라면 "안녕히 가십시오"라고 말할 '의지를 가질 수 있다'는 믿음이 그나마 작은 위안이 될 수 있다.

데카르트의 이 이론이 18세기 프랑스에서 인간을 전적으로 물리학 법칙의 지배를 받는 존재로 보는 순수 유물론에 자리를 내준 것은 놀라운 일이 아니다. 이러한 철학에서 인간의 의지는 더 머물 곳이 없고, 죄의 개념도 사라진다. 영혼 따위는 없고, 따라서 인간의 육체에서 일시적으로 결합하는 독립된 원자들 말고는 불멸하는 것도 없다. 프랑스혁명이 과격한 양상을 띠게 만드는 데 하나의 요인으로 작용했다고 여겨지는 이 철학은 공포 정치 시대 이후 처음에는 프랑스와 전쟁을 치르는 모든 사람들에게, 그리고 1814년 이후에는 정부를 지지하는 모든 프랑스 사람들에게 공포의 대상이 되었다. 잉글랜드는 정통으로 돌아갔고, 독일은 칸트의 후계자들이 내놓은 이상주의적 철학을 채택했다. 그 후 낭만주의 운동이 뒤를 이었다. 낭만주의자들은 감정을 선호했으며 인간의 행동이 수학 공식에 의해 통제된다는 말 따위에는 귀 기울이지 않았다.

한편 인체생리학에서는 유물론을 싫어하는 사람들이 신비나 '활력'에서 도피처를 찾았다. 과학으로는 인체를 결코 이해할 수 없다고 생각하는 사람들도 있었고, 화학이나 물리학의 원리가 아닌 다른 어떤 원리를 동원해야만 이해할 수 있다고 선언하는 사람들도 있었다. 하지만 이 가운데 어떤 견해도 생물학자들 사이에서 큰 호응을 얻지 못했다. 그마나 후자의 경우 아직 소수의 지지자들이 있기는 하다. 발생학, 생화학, 그리고 유기화합물의 인공합성 분야에서 이루어진 연구 성과를 통해 우리는 생체를 이루는 물질의 특성을 화학이나 물리학을 통해 전적으로 설명할 수 있다는 점을 점점 더 분명하게 알아가고 있다. 물론 동물체에 적용되는 원리들이 인간에게는 적용될 수 없다는 가정도 진화론 덕분에 설 자리를 잃었다.

심리학과 의지 이론으로 돌아가보자. 우리의 자유의지 중 많은 부분, 아니 어쩌면 대부분이 어떤 원인을 갖는다는 것은 언제나 명백했다. 그러나 정통 철학자들은 이러한 원인들은 물리 세계의 원인들과는 달리 결과를 필연적으로 동반하지는 않는다고 주장했다. 그들은 따라서 가장 강력한 욕망조차 전적인 의지 행위로 누를 수 있다고 주장했다. 우리가 열정에 이끌리는 것은 나름의 원인이 있기 때문이며, 이때 우리의 행위는 자유롭지 못하지만 우리에게는 때로는 '이성' 때로는 '양심'이라 불리는 능력이 있고, 그런 능력을 따를 때 진정한 자유를 얻는다고 생각하게 되었다. 단순한 변덕에 반대되는 것으

로서 '참된' 자유는 도덕률에 복종하는 것과 동일시되었다. 헤겔주의자들은 여기서 한 걸음 더 나아가 도덕률을 국가의 법과 동일시함으로써 진정한 자유는 경찰에 복종하는 것이라고 보았다. 이 이론에 정부는 환호했다.

그러나 아무런 원인이 없는 의지도 있을 수 있다는 이론은 유지하기가 매우 힘들었다. 가장 고결한 행동에 아무런 동기가 없다고는 말할 수 없기 때문이다. 사람은 신을 기쁘게 하고 싶다든가, 이웃 혹은 자기 자신의 인정을 받고 싶다든가, 타인이 행복한 것을 보고 싶다든가, 고통을 덜고 싶다든가 하는 동기 때문에 행동에 나선다.

이들 욕망 중 하나는 선한 행동의 원인이 될 수 있는데, 만약 어떤 사람에게 선한 욕망이 없다면 그는 도덕률이 승인하는 일들을 하지 않을 것이다. 욕망의 여러 원인에 대해 우리는 예전보다 훨씬 많은 것을 알게 되었다. 내분비선의 기능에서 그 원인이 발견되기도 하고, 어린 시절 교육, 잊고 있던 경험, 인정받고 싶은 욕구 등 다양한 동기들이 발견됐다. 대부분의 경우 하나의 욕망에도 수많은 다른 원인이 얽혀 있는 법이다. 이런 이유로 우리를 그 욕망의 반대 방향으로 밀어내려는 다른 욕망들이 있을지라도, 우리가 어떤 욕망의 결과로 어떤 결정을 내린다는 것은 명백하다. 토머스 홉스의 말처럼, 이런 경우의 의지란 심사숙고 한 뒤 나타나는 '마지막 욕구'다. 따라서 원인이 전혀 없는 의지에서 비롯된 행위가 있다는 주장은 옹

호될 수 없다. 이것이 윤리학에 끼친 결과에 대해서는 다음 장에서 다루겠다.

심리학 및 물리학이 보다 더 과학적인 체계를 갖추어가기 시작함에 따라 두 학문에서 전통적으로 인용되던 개념들은 좀 더 정밀한 새로운 개념들에 자리를 양보하게 된다. 물리학은 아주 최근까지도 물질과 운동이라는 개념에 만족하고 있었다. 물질은 철학적 맥락에서는 어떻게 생각되었는지 모르지만, 과학기술적으로는 중세적 의미의 실체였다. 하지만 물질과 운동은 과학기술적으로 적절치 못한 개념임이 밝혀지면서 이론물리학자들의 연구 과정은 과학철학의 요구들을 상당 부분 수용하게 되었다. 이와 마찬가지로 심리학 역시 '지각'이나 '의식' 같은 개념들을 포기할 수밖에 없음을 인정하게 되었다. 이러한 개념들은 정확성이 떨어지기 때문이다. 이 점을 분명히 하려면 각각의 개념에 대해 좀 더 언급할 필요가 있다.

'지각'은 언뜻 보기에 완전히 단도직입적이고 명쾌하다고 생각된다. 우리는 해와 달을, 들리는 말을, 만져지는 사물의 단단함과 부드러움을, 썩은 달걀의 냄새나 겨자 맛을 '지각한다'. 우리가 이같이 기술記述하는 현상이 발생한다는 것에 대해서는 전혀 의문의 여지가 없다. 의심할 여지가 있는 것은 그에 관한 기술뿐이다. 우리가 태양을 '지각'하기까지, 거기에는 긴 인과 과정이 존재한다. 우선 태양과 인간 사이에 있는 약 1억 5000만 킬로미터의 공간 속에, 다음으로 눈 속에, 시신경

속에, 그리고 뇌 속에 인과관계가 존재한다. 우리가 태양을 본다고 말하는 마지막 '정신적' 사건은 태양 그 자체와는 유사점이 많지 않다. 태양은 칸트의 물자체와 마찬가지로 우리의 경험 밖에 남아 있고, 우리가 '태양을 본다'라고 부르는 경험으로부터 추론하여 겨우 알 수 있을 뿐이다. 우리는 태양이 우리 경험 밖에 존재한다고 가정한다.

많은 사람이 동시에 그것을 보며, 태양은 관찰자가 없는 곳에서도 영향을 미친다고 가정해야 달빛 같은 온갖 것들이 가장 간단하게 설명되기 때문이다. 그러나 우리가 태양을 직접적이고 단순한 의미에서 '지각'하지 않는다는 것은 분명하다. 감각의 정교한 물리적 인과관계를 깨닫기 전에 태양을 지각하는 것처럼 '보일' 뿐이다.

거칠게 말해, 우리는 어떤 대상이 주요 원인이고 따라서 그 대상에 관해 추론할 수 있는 어떤 일이 일어날 때 그 대상을 우리가 '지각'한다고 말할 수 있다. 우리가 누군가의 말을 들을 때, 우리가 듣는 것이 달라지는 이유는 그의 말 가운데 해당 부분이 달라졌기 때문이다. 중간에 끼어드는 매개체의 영향은 대체로 일정하므로 어느 정도는 무시해도 된다. 이와 마찬가지로 빨간색 천 조각과 파란색 천 조각이 나란히 놓여 있는 것을 볼 때 우리는 빨간색 빛이 나오는 곳과 파란색 빛이 나오는 곳에 어떤 차이가 있다고 가정할 수 있다. 이 차이가 붉음이라는 감각과 파랑이라는 감각 사이의 차이와 유사하다고는 할

수 없다. 우리는 이런 식으로 '지각'이라는 개념을 구하려 시도해볼 수는 있겠지만, 결코 그 개념에 엄밀함을 부여하지는 못할 것이다. 양자 사이 매개체에는 항상 '어떤' 왜곡 효과가 있게 마련이다. 붉은 장소 사이에 끼어든 안개 때문에 붉게 보일 수도 있고, 푸른 장소는 우리가 색안경을 껴서 파랗게 보일 수도 있다. 우리가 당연한 듯 '지각'이라고 부르는 일종의 경험에서 대상에 대한 추론을 이끌어내려면, 우리는 물리학이나 감각기관의 생리학에 대해 알아야 하고, 우리와 대상 사이의 중간 공간에 무엇이 존재하는지 철저한 지식이 있어야 한다. 이런 지식이 모두 주어지고 외부 세계의 실제를 가정한다면, 우리는 '지각되는' 대상에 대한 고도로 추상화된 지식을 이끌어낼 수 있다. 그러나 '지각'이라는 말에 담긴 직접성이나 따뜻함은, 어려운 수학공식에 의한 추론 과정을 거치면서 모조리 사라질 것이다. 태양처럼 멀리 떨어진 대상의 경우도 확인하기 어렵지 않겠지만, 우리가 만지고 냄새 맡고 맛보는 것들도 마찬가지다. 왜냐하면 그런 것들에 대한 우리 '지각'도 신경을 통해 두뇌에 이르는 정교한 과정에 의해 이루어지기 때문이다.

'의식'에 관한 문제는 어쩌면 더 어려울 수도 있다. 우리는 우리 자신이 '의식한다'고 말하지만, 나무토막이나 돌은 그렇지 않다고 말한다. 우리는 깨어 있을 때는 '의식하지만' 잠잘 때는 그렇지 않다고 말한다. 이렇게 말할 때 우리는 분명 '무

엇인가'를 의미한다. 그리고 우리가 의미하는 것은 분명 참인 그 '무엇'이다. 그러나 참인 그것이 무엇인지 정확하게 표현하는 것은 어려운 문제이며, 언어의 변화를 요구한다.

우리가 '의식한다'고 말할 때는 두 가지 의미가 있다. 한편으로는 어떤 일정한 방식으로 환경에 반응한다는 뜻이다. 다른 한편으로는 우리 내부, 즉 우리의 사고나 감정 속에서 무생물에서는 찾을 수 없는 어떤 특성을 발견할 수 있다는 뜻이다.

환경에 대한 우리의 반응에 대해 말하자면, 그것은 무엇인가에 대해 의식하는 것이라고 할 수 있다. 당신이 "안녕!" 하고 크게 외치면 사람들은 뒤돌아보겠지만 돌들은 뒤돌아보지 않는다. 이런 경우에 당신이 뒤돌아보는 건 어떤 소리를 들었기 때문이다. 우리가 외부 세계의 사물을 '지각한다'고 가정할 수 있는 한, 우리는 지각 속에서 그것들을 '의식한다'고 말할 수 있다. 우리가 확실히 말할 수 있는 것은, 우리도 돌도 자극에 반응하지만 돌이 반응하는 자극은 매우 드물다는 정도일 뿐이다. 외부의 '지각'에 관한 한, 우리와 돌 사이에는 지각의 정도에 차이가 존재할 따름이다.

'의식'이라는 개념에서 좀 더 중요한 부분은 우리가 내성內省을 통해 발견하는 것과 관련이 있다. 우리는 외부 세계의 대상에 반응할 뿐 아니라, 자신이 반응한다는 것을 알고 있다. 우리는 돌이 자신이 반응한다는 걸 모른다고 생각하는데, 만일 돌이 이 사실을 안다면 돌에 '의식'이 있다고 할 수 있다. 이를

분석해보면, 우리와 돌의 다른 점은 정도의 차이에 불과함을 알 수 있을 것이다. 우리가 무언가를 보고 있다는 사실을 아는 것은 본다는 것을 넘어서는 완전히 새로운 앎이 아니라 기억일 뿐이다. 우리가 무언가를 본다면, 그리고 곧바로 우리가 그것을 보았다는 것을 숙고한다면, 내성으로 보이는 이러한 숙고는 즉각적인 기억이라고 할 수 있다. 우리는 기억이 뚜렷하게 '정신적인' 것이라고 말할 수도 있지만, 이것은 부정될 수도 있다. 기억은 습관의 한 형태이며, 습관은 신경조직의 한 특성이다. 물론 풀렸을 때 저절로 다시 감기는 종이 두루마리처럼 다른 곳에서도 일어날 수 있다.

나는 우리가 막연하게 '의식'이라고 부르는 것이 지금까지의 설명으로 완벽하게 분석되었다고 말할 생각은 없다. 이 질문은 책 한 권을 다 써도 모자랄 만큼 방대한 주제다. 나는 단지 언뜻 정확한 개념처럼 보이는 것이 실제로는 전혀 그렇지 않을 수 있으며, 과학적 심리학자들이 고안한 다른 전문용어가 필요하다는 것을 시사하고 싶을 뿐이다.

마지막으로, 언급해두어야 할 것은 영혼과 육체 사이의 낡은 구별이 점점 희미해지다가 결국 사라져버리고 말았고, 그것은 '마음'이 영성靈性을 잃은 것만큼이나 '물질'이 이전의 견고함을 완전히 잃어버렸기 때문이라는 사실이다. 물리학 자료들은 누구나 볼 수 있다는 의미에서 공적인 것이지만, 심리학 자료들은 내성에 의해 얻을 수 있으므로 개인적인 것이라

는 생각이 아직도 남아 있는데, 이는 사실 과거에는 보편적인 생각이었다. 하지만 물리학과 심리학의 차이는 정도의 문제에 지나지 않는다. 두 사람이 동시에 정확히 똑같은 대상을 지각할 수는 없다. 관점의 차이에 따라 보는 내용이 달라지기 때문이다.

물리학 자료도 엄밀히 들여다보면 심리학 자료만큼이나 개인적인 성질을 가지고 있는 것처럼 보인다. 그리고 물리학 자료가 가지고 있는 준주지성準周知性적 성질을 심리학에서 찾아보는 것도 완전히 불가능하지만은 않다.

두 과학의 출발점을 형성하는 사실들은 적어도 부분적으로는 동일하다. 우리가 보는 색깔 천 조각들은 물리학에서나 심리학에서나 동일한 자료다. 물리학은 어떤 문맥 속에서 일련의 추론을 진행해 나가고, 심리학은 다른 문맥 속에서 일련의 추론을 진행해 나간다. 피상적인 설명이겠지만, 물리학은 두뇌 밖의 인과관계를 다루며 심리학은 두뇌 안의 인과관계를 다룬다고 해도 좋을 것이다. 후자의 경우 두뇌를 검사하는 생리학자가 외적 관찰로 발견한 것들은 제외된다. 물리학과 심리학에서 활용되는 자료는 모두 어떤 의미에서는 두뇌 안에서 일어난다고 할 수 있다. 그 사건들에는 물리학에서 연구하는 일련의 외부적 원인과 심리학에서 연구하는 일련의 내부적 결과, 즉 기억이나 습관 등이 있다. 하지만 물리학적 세계와 심리학적 세계의 구성 요소 사이에 어떤 근본적 차이가 있다는 증

거는 전혀 없다. 우리는 그 둘에 대해 예전에 생각했던 것만큼 많이 알지 못한다. 그저 '영혼'과 '육체' 모두 현대 과학에선 설 자리가 없다는 것 정도만 어느 정도 확신할 수 있게 되었을 뿐이다.

생리학이나 심리학에 관한 현대의 학설이 영혼 불멸에 대한 정통적 믿음과 어떠한 관계가 있는가 하는 질문이 아직 남아 있다.

육체의 사후에도 영혼이 살아남는다는 것은, 지금까지 보아 왔듯 그리스도교인이든 비그리스도교인이든, 또는 문명인이든 미개인이든 수많은 사람이 널리 믿어온 생각이다. 그리스도 시대의 유대인 중에서도 바리새인들은 영혼 불멸을 믿었지만, 낡은 전통을 고집한 사두개인들은 이를 믿지 않았다. 그리스도교에서 영원한 생명에 대한 믿음은 매우 중요한 지위를 유지해왔다. 로마 가톨릭 신앙에 따르면 연옥에서 일정 기간 고통을 정화하는 시기를 거친 후 천국에서 지복을 누리는 자도 있고, 지옥에서 무한의 고통을 견디는 자도 있다. 오늘날 자유주의적 그리스도교인들은 지옥은 영원할 수 없다는 견해로 기울고 있다.

1864년 영국 추밀원이 그렇게 생각하는 것이 불법이 아니라고 결정한 이후 이러한 견해는 영국국교회의 많은 성직자들로부터 지지를 받았다. 그러나 19세기 중반까지도 자신이 그리스도교도임을 공언하는 사람들 가운데 영원한 벌이 실제로

존재한다는 것에 의심을 품는 사람은 극소수였다. 지옥에 대한 두려움은 가장 깊은 불안의 근원이었으며(정도가 덜하기는 하지만 오늘날에도 여전히 그러하다), 이는 영원한 생명에 대한 믿음에서 얻을 수 있는 위안을 크게 잠식했다. 사람들은 타인을 지옥에서 구하기 위해서라는 명분으로 박해를 정당화했다. 만일 이교도가 다른 사람들을 오도하여 지옥의 고통을 겪게 한다면, 그런 끔찍한 결과를 막기 위해서 동원된 지상의 어떤 고문도 지나치다고 할 수 없었다. 지금이야 어떻게 여기든, 과거에는 극소수를 제외하고는 이단이 구원과 양립할 수 없다고 믿었기 때문이다.

지옥에 대한 믿음이 쇠퇴한 것은 새로운 신학적 논쟁이 일어났거나 과학의 직접적 영향이 있어서가 아니다. 18~19세기에 인간이 자행한 잔혹한 행위가 전반적으로 줄었기 때문이다. 이러한 사례로는 프랑스혁명이 발발하기 전 많은 국가에서 사법적 고문이 폐기된 것이나, 19세기 초 영국의 불명예였던 야만적 형법이 개정된 것을 들 수 있다. 오늘날에는 지옥을 여전히 믿고 있는 사람들 중에서조차 지옥에서 고문형을 선고받는 사람의 수가 과거에 주장되었던 것보다 훨씬 적을 것으로 보인다. 오늘날 우리의 격한 열정은 신학보다는 정치 쪽을 향하고 있다.

지옥에 대한 믿음이 희미해지면서 천국에 대한 믿음 또한 약해졌다는 것은 매우 흥미로운 사실이다. 천국은 오늘날에

도 여전히 그리스도교 정통 교리의 일부로 인정받고 있지만, 천국은 진화에서 신의 목적에 대한 증거를 이야기하는 것보다 논의가 훨씬 덜 이루어지고 있다. 종교를 옹호하기 위한 논거는 내세의 삶에 관련되어 있기보다는 현세에서의 선한 삶을 증진하는 데에 집중되어 있다. 사람들의 도덕심과 행동에 영향을 주었던, 현세가 내세를 위한 준비일 뿐이라고 보는 믿음은 이제 의식적으로 그런 믿음을 거부하지 않는 사람들에게조차 별로 영향을 주지 않게 되었다.

과학이 불멸이라는 주제에 대해 무엇을 말해야 하는가는 그리 분명하지 않다. 그러나 사후 생존을 인정하려는 일련의 논의가 있으며, 적어도 그 의도만큼은 전적으로 과학적이라는 점만은 분명하다. 나는 심령학적 연구가 탐구하는 현상들과 관련된 일련의 논의에 대해 언급하고 싶다. 이 주제에 대해 충분한 지식이 없어 판단을 내릴 순 없지만, 이성적인 사람들을 설득할 만한 증거들이 분명 있을 것이다. 하지만 여기에는 어느 정도 단서가 붙어야 한다.

첫째, 이 증거들은 기껏해야 우리가 사후에도 생존한다는 것을 입증할 뿐, 우리가 영원히 생존한다는 것은 입증하지 못했다. 둘째, 평소 매사 정확한 사람일지라도 강력한 욕망이 개입하는 경우, 그 사람의 증언을 받아들이기 어렵다. 그런 사례는 세계대전 중이나 여타 모든 격동기에 심심치 않게 찾아볼 수 있다. 셋째, 인격이 육체와 함께 죽지 않는다는 것을 증명하

는 확실한 다른 근거가 있다면, 우리는 그 가설이 옳다고 생각할 때보다 더 강력한 증거를 필요로 할 것이다. 심령론을 아무리 열렬히 믿는 사람이라도 마녀가 육체적으로 사탄을 경배했음을 증명하기 위하여(오늘날 그런 일이 있었다는 증거를 검토하는 일이 가치 있다고 여기는 사람은 거의 없지만) 역사가들이 제시하는 만큼의 증거조차도 제시하기는 어렵다.

과학은 영혼이나 자아 같은 실체란 존재하지 않는다고 보는데, 그로 인해 곤란한 사태가 발생한다. 이미 살펴본 것처럼, 형이상학자들은 영혼과 육체라는 두 실체가 실체라는 개념과 논리적으로 단단하게 결합되어 있다고 생각했다. 이 둘을 영속성을 가진 두 개의 '실체'로 보는 것은 더 이상 불가능하다. 또한 심리학에서도 지각에 있어 '객체'와 접촉하는 '주체'를 가정할 이유가 전혀 없다. 얼마 전까지만 해도 물질은 불멸이라고 여겨졌지만, 물리학의 기술은 더 이상 이것을 가정하지 않는다. 원자는 이제 어떤 현상의 발생을 정리하는 편의적인 방법에 지나지 않는다. 원자를 전자들을 거느린 핵으로 생각하는 것이 어느 정도는 편리하지만, 어떤 때의 전자들을 다른 때의 전자들과 동일한 것으로 간주할 수 없으므로, 어떤 경우에도 현대 물리학자 중 그것들을 '실제적'이라고 생각하는 사람은 없다. 불변하다고 생각하는 물적 실체가 아직 존재할 때는, 정신 역시 불변해야 한다고 주장하기 쉬웠다. 하지만 이러한 논증은 그다지 강력하지 못했고, 이제 더는 쓸 수 없게

되었다. 물리학자들이 원자를 일련의 사건들로 환원한 데에는 충분한 이유가 있다. 그리고 심리학자들이 마음을 하나의 지속적인 '사물'로서 동일성을 갖는 어떤 것이 아니라 일정하고 밀접한 관계들로 연결된 일련의 사건들이라고 보는 데에도 똑같이 충분한 이유가 있다. 따라서 불멸에 관한 문제에서는 살아 있는 육체와 관련된 사건들과 육체가 죽고 난 후 생겨나는 다른 사건들 사이에 이런 밀접한 관계가 존재하는지 여부가 중요해졌다.

이 문제에 답하기에 앞서, 우리는 일정한 사건들을 일정한 방식으로 결합하여 한 사람의 정신적 삶을 형성하게 해주는 관계들이 무엇인지를 먼저 결정해야 한다. 이런 것들 가운데 가장 중요한 것은 분명 기억이다. 즉 내가 기억할 수 있는 일들은 '나'에게 일어난 것이다. 내가 어떤 때를 기억하는데, 그 순간 다른 무언가를 기억할 수 있다면, 그 다른 것도 나에게 일어났기 때문이다. 서로 다른 두 사람이 동일한 사건을 기억한다고 반박할 수도 있지만, 그건 잘못된 주장이다. 서로 관점이 다르기 때문에, 서로 다른 두 사람은 결코 정확하게 동일한 것을 볼 수 없다. 더욱이 두 사람은 듣거나 냄새를 맡거나 만지거나 맛보는 것과 관련해서도, 정확하게 동일한 경험을 할 수 없다. 내 경험이 다른 사람의 경험과 많이 비슷할 수는 있지만, 항상 크고 작은 차이가 있게 마련이다. 각자의 경험은 그 자신에게만 속한 개인적인 것이므로 어떤 한 경험이 다른 경험을 회상

하는 것일 때 그 두 경험은 동일한 '사람'에 속해 있다고 말할 수 있다.

인격에 대한 덜 심리학적이지만 육체로부터 이끌어낸 또 다른 정의가 있다. 생명체가 시간에 관계없이 동질성을 유지하도록 해주는 것이 무엇인지 정의를 내리기란 복잡한 문제겠지만, 일단은 이를 당연하게 받아들이기로 하자. 우리가 알고 있는 모든 '정신적' 경험이 어떤 생명체와 연결되어 있다는 것도 당연하게 받아들이자. 그러면 우리는 '사람'을 어떤 주어진 육체와 연결된 일련의 정신적 발생 과정으로 정의할 수 있다. 이것은 법적 정의다. 만약 존 스미스의 육체가 살인을 저질렀고 그 후 경찰이 그의 육체를 체포했다면, 체포 당시 그 몸에 깃든 사람은 살인범이 된다.

'사람'을 정의하는 이런 두 가지 방법은 이른바 이중인격이라 불리는 것과 충돌한다. 외부에서 관찰하면 한 사람으로 보이는 존재가 주관적으로는 둘로 분열되는 경우 말이다. 때로는 한쪽이 다른 쪽에 대해 전혀 모르는 경우도 있고, 한쪽은 다른 쪽을 알지만 그쪽은 이쪽을 모르는 경우도 있다. 전자의 경우, 기억으로 인격을 정의한다면, 그는 두 사람이라고 말할 수 있다. 반면 육체로 인격을 정의한다면, 한 사람만 존재한다. 이중인격은 산심散心 상태, 최면 상태, 몽유 상태를 거치며 서서히 극단을 향해 진행된다. 이런 점 때문에 기억이 인격을 정의한다고 생각하는 데에는 문제가 있다. 그러나 잃어버린 기억

들도 최면술이나 정신분석 과정을 통해 회복하는 것이 가능해 보이는 것을 감안하면, 이런 난점이 극복 불가능한 것은 아닐지도 모른다.

실제적 회상 말고도, 기억과 유사한 여러 다른 요소들, 예를 들어 과거 경험의 결과 형성되어온 습관 등도 인격을 형성하는 데 영향을 미친다. '경험'이 단순한 사건 발생과 다른 점은 생명이 있는 한 사건이 습관을 형성할 수 있기 때문이다. 동물, 특히 사람은 죽은 물질과는 달리 경험에 의해 형성된다. 어떤 한 사건이 습관-형성과 관계 있는 특별한 방식으로 또 다른 사건과 인과적으로 관련되어 있다면, 그 두 사건은 동일한 '사람'에 속해 있다고 보아야 한다. 이것은 기억만을 이용한 정의보다 더 폭넓은 정의다. 이러한 정의에는 기억만을 이용한 정의에 포함되어 있는 것들이 모두 담겨 있을 뿐만 아니라 그 이상의 것들까지 포괄돼 있다.

육체가 죽고 나서도 인격이 생존한다는 것을 믿기 위해서는 기억 혹은 적어도 습관이 지속된다고 가정해야 한다. 그렇지 않다면 동일한 사람이 계속 존재한다고 여길 만한 이유가 전혀 없기 때문이다. 그러나 바로 이 지점에서 생리학과 관련된 난점이 발생한다. 습관이나 기억은 둘 모두 육체, 그중에서도 특히 두뇌에 가해지는 영향에 의해 형성된다. 습관의 형성은 수로水路가 만들어지는 과정에 비유될 수 있다. 육체에 가해지는 영향은 습관과 기억을 만들어내지만 이런 영향들은 육체가

죽어 부패하면 사라진다. 기적이 존재하지 않는 한, 이런 것들이 내세에 자리 잡을지 모를 새로운 육체에 어떻게 옮겨가는지 이해하기란 매우 어렵다. 우리가 육체를 떠난 영혼으로만 존재한다면 어려움은 더욱 커진다.

물질에 관한 현대인들의 관점에 비추어볼 때 사실 나는 육체에서 분리된 영혼이라는 것이 논리적으로 가능한지조차 의심스럽다. 물질은 사건들을 분류하고 구분하는 하나의 방법에 지나지 않고, 따라서 사건들이 존재하는 곳에는 물질이 존재하게 마련이다. 내가 주장하는 것처럼, 육체가 살아 있는 동안 한 사람의 연속성이 습관-형성에 좌우된다면 그것은 또한 육체의 연속성에도 좌우되어야만 한다. 동일성을 그대로 유지한 채 어떤 한 사람을 하늘나라로 옮기는 일은 수로를 원래 있던 그대로 하늘로 옮기는 것만큼이나 어려운 일이다.

인격은 본질적으로 조직화로 형성된다. 일정한 관계들에 의해 분류된 일정한 사건들이 한 인격체를 형성한다. 분류는 인과법칙들, 즉 기억을 포함해 습관-형성과 관련된 것들에 따라 이루어지며, 관련된 인과법칙은 육체에 의존한다. 만약 이것이 참이라면, 혹은 그렇게 생각할 만한 강력한 과학적 근거가 있다면, 두뇌가 소멸한 후에도 인격이 존속하기를 기대하는 것은 크리켓 회원들이 전부 사망한 다음에도 크리켓 모임이 존속하기를 기대하는 것과 같다.

이러한 논의를 통해 어떤 분명한 결론을 내리겠다는 것

은 아니다. 과학의 미래를 예측하기란 불가능하며, 특히 이제 막 과학의 모습을 갖춰가기 시작한 심리학의 경우에는 더 그렇다. 심리학의 인과성은 육체에 의존한 현재의 상태에서 벗어날 수 있을지도 모른다. 그러나 심리학과 생리학의 현재 상황을 볼 때, 영혼 불멸에 대한 믿음은 어찌 됐든 과학의 지지를 받을 수 없으며, 이 주제와 관련한 논쟁들은 죽음과 함께 인격이 사라진다고 보는 쪽에 가까워 보인다. 우리가 영원히 살아남지 못할 거라고 생각하면 안타깝지만, 모든 박해자들과 유대인 학살자들과 사기꾼들 또한 영원히 존재할 순 없을 테니 다소간 위안이 되기는 한다. 시간이 흐르면 그들도 나아지지 않겠느냐고 말하는 사람도 있지만, 나는 그런 견해에 회의적이다.

6 — 결정론과 자유의지의 문제

법칙과 예외

과학자는 인과법칙을 탐구해야 하지만, 인과법칙이 반드시 존재한다고 주장해서도 안 되고, 인과법칙이 적용되지 않는 영역을 알고 있다고 확정적으로 주장해서도 안 된다.

지식이 진보함에 따라 성경과 관련된 신성한 역사 그리고 고대와 중세 교회의 정교한 신학은 아주 독실한 신자들조차 예전만큼 중요하게 여기지 않게 되었다. 과학에 더해 성경 비평도 성경의 단어 하나하나가 모두 참이라고 믿기 어렵게 만들었다. 예를 들면 「창세기」는 각기 다른 두 저자가 썼으며, 창조에 대해 서로 다른 모순된 설명을 담고 있다는 것을 지금은 모두가 알고 있다. 물론 사람들은 그런 건 본질적인 문제가 아니라고 주장한다. 역사적 사건들과 관련이 없는 한, 그리스도교의 가장 중요한 구성 요소로 신, 영혼 불멸, 자유라는 세 가지 중심 교리가 존재한다. 이 교리들은 이른바 '자연 종교'에 속한다. 토마스 아퀴나스와 그 밖의 많은 현대 철학자들의 견해에 따르면, 이것들은 계시의 도움 없이 인간의 이성만으로도 얼마든지 참임을 입증할 수 있다. 그러므로 이 세 교리에 대해 과학이 어떤 말을 할 수 있는지 살펴보는 일은 매우 중요하다. 나는 현재로서는 과학이 그것들을 입증할 수도 반증할 수도 없으며, 과학이 아닌 다른 방법들 역시 그것들을 입증할 수도 반증할 수도 없다고 생각한다. 그러나 그 교리들의 개연성에 대한 과학적 논의는 가능하다. 자유, 그리고 그것의 반대 개념인 결정론에 관해서는 특히 그렇게 생각한다. 이 장에서는 그에 대해 살펴보려 한다.

결정론과 자유의지의 역사에 대해서는 이미 이야기한 바 있다. 우리는 결정론이 물리학에서 가장 강력한 우군을 찾은

것을 보았다. 물리학은 물질의 모든 운동을 하나하나 통제하고 그것들을 이론적으로 예측 가능하게 만드는 법칙들을 발견한 것처럼 보였다. 기이하게도 현재 결정론을 반박하는 가장 강력한 논증 역시 물리학에서 나왔다. 그러나 이 점을 살펴보기에 앞서 먼저 쟁점들이 무엇인지 가능한 한 명확하게 정의해보도록 하자.

결정론은 이중적 성격을 띠고 있다. 한편에서는 과학 연구자들을 안내하는 실용적 격률이지만, 다른 한편에서는 우주의 본질에 관한 일반론이다. 이 일반론은 참이 아니거나 불확실할 수도 있지만, 실용적 격률은 신뢰할 만하다. 먼저 실용적 격률에서 시작해 나중에 일반론으로 나아가기로 하자.

실용적 격률은 사람들에게 인과법칙, 즉 하나의 사건과 다른 사건을 연결하는 규칙을 탐구할 것을 권한다. 일상생활에서 우리는 이런 규칙에 따라 자신의 행위를 인도한다. 그런데 우리가 이용하는 규칙은 정확성을 희생해 단순성을 획득한다. 스위치를 누르면, 퓨즈가 나가지만 않았다면 전등이 켜진다. 성냥을 그으면, 성냥 머리가 부러지는 일만 벌어지지 않는다면 불이 붙는다. 전화번호를 요청하면, 잘못된 번호가 아닌 한 통화를 할 수 있다. 그러나 이런 규칙들은 과학에는 적용되지 않는다. 과학이 원하는 바는 불변하는 것이기 때문이다. 과학의 이상은 뉴턴의 천문학에 의해 정착되었다. 뉴턴의 천문학은 중력의 법칙으로 과거와 미래 행성들의 위치를 무한한 시

간까지 확장해 계산해낼 수 있다. 반면 행성 궤도와 관련 없는 그 밖의 다른 영역에서는 현상을 지배하는 법칙을 찾아내기가 더 힘들어졌다. 왜냐하면 그런 영역에는 더 복잡한 온갖 다른 원인들이 존재할 뿐만 아니라 주기적으로 반복되는 규칙성도 덜하기 때문이다. 그럼에도 인과법칙은 화학, 전자기학, 생물학, 또 경제학에서도 발견되어 왔다. 인과법칙의 발견은 과학의 본질이며, 따라서 과학자가 이를 추구하는 것이 마땅하다는 데는 의문의 여지가 없다. 과학은 인과법칙이 없는 영역에는 접근할 수 없다. 과학자가 인과법칙을 탐구해야 한다는 원칙은 버섯을 따는 이들이 버섯을 찾아야 한다는 행동원리만큼이나 분명하다.

인과법칙 그 자체에는 과거가 미래를 '완전히' 규정한다는 논리가 반드시 포함되지는 않는다. 백인의 아들이 백인이라는 것은 인과법칙이지만, 우리가 아는 법칙이 이것뿐이라면, 백인 부모를 둔 아들에 대해 우리는 그다지 많은 것을 예측할 수 없다. 일반론으로서의 결정론은 만약 우리가 과거와 인과법칙에 대해 충분히 알고 있다면, 과거가 미래를 '완전히' 결정하는 것이 이론적으로는 항상 가능하다고 주장한다. 이 원리에 따르면, 어떠한 현상을 관찰하는 연구자는 그 현상을 불가피하게 만든 이전의 상황이나 인과법칙을 찾아내는 것이 가능하다. 그리고 그런 법칙들을 발견한다면 유사한 환경이 관찰될 때 유사한 현상이 발생하리라고 추론할 수 있어야 한다.

이 이론을 정확하게 서술하는 것은 불가능하지는 않지만, 꽤 어려운 일이다. 이를 시도하는 과정에서 우리는 이러저러한 것이 '이론적으로' 가능하다고 주장하게 되지만, 정작 이 '이론적'이란 말이 무엇을 의미하는지는 아무도 모른다. 미래를 결정하는 법칙들이 '존재한다'고 주장하는 것은 우리가 그 법칙들을 발견할 희망을 품어도 된다는 말을 덧붙이지 않는 한 무의미하다. 미래는 그렇게 될 모습대로 될 것이 분명하고, 그런 의미에서 이미 결정되어 있다고 볼 수도 있다. 정통파들이 믿는 것과 같은 전능한 신이라면 현재 시점에서 미래가 전개되는 전 과정을 알고 있어야만 한다. 따라서 만약 전능한 신이 존재한다면, 그것을 바탕으로 미래를 추론할 수 있는 현재의 사실, 즉 신의 예지도 존재할 것이다. 그러나 이것은 과학적 검증이 가능한 범위를 넘어선다. 만약 증거에 따라 개연성이 달라지는 어떤 것에 대해 결정론에 기초한 주장을 해야 한다면 반드시 우리 인간의 능력과 관련해서 진술되어야 하다. 그렇지 않으면 우리는 『실낙원』의 악마들과 운명을 같이할 위험을 떠안게 된다.

고상한 사색에 잠겨 섭리와 예지, 의지와 운명,
그리고 불변의 운명과 자유의지, 절대적 예지에 대해 크게 논의를
벌이지만
결론을 얻지 못하고 방향 없는 미궁 속에 빠져버리는 자들도 있다.

검증 가능한 이론을 가지기 위해서는 자연의 모든 과정이 인과법칙에 따라 결정되는 게 분명하다고 말하는 것만으로는 충분하지 않다. 자연의 모든 과정이 인과법칙에 따라 결정된다는 주장은 참일지는 모르지만 확인할 수는 없다. 예를 들면, 멀리 있는 것의 영향이 가까운 곳에 있는 것의 영향보다 작다면 먼저 가장 멀리 있는 별들에 관해 상세히 알아낸 후에야 지구에서 벌어질 일을 예측할 수 있기 때문이다. 이런 이론을 검증하기 위해서 우리는 우주의 유한한 부분과 관련해 그 이론을 설명할 수 있어야 할 뿐만 아니라, 이론에 필요한 법칙들이 그 자체의 수단으로 계산 가능할 만큼 충분히 단순한 것들이어야 한다. 우리는 우주 전체를 알 수 없으며, 결과를 계산하는 데 필요한 기술이 우리가 기대할 수 있는 수준을 넘어선다면 그런 복잡한 법칙들은 검증할 수 없다. 관련된 계산 능력은 현재 가능한 수준을 넘어선 것일 수도 있다. 그렇다고 조만간 가능한 수준으로 올라설 것 같지도 않다. 이 점은 꽤 명백하지만, 우리가 가진 자료가 우주의 유한한 부분에 한정되면 우리의 원리를 적용할 수 있는 형태로 진술하는 데 훨씬 큰 어려움에 직면하게 된다. 외부의 것들이 끊임없이 뛰어들어 예상치 못한 영향을 미칠 수도 있다. 때로는 하늘에 새로운 별이 나타나기도 하는데 이런 현상은 태양계에 국한된 자료만으로는 예측할 수 없다. 빛보다 빠르게 움직이는 것은 아무것도 없고 따라서 새로운 항성이 나타나리라는 징조를 사전에 알 수 있는 방

법도 우리에게는 없다.

이런 어려움에서 벗어나기 위해 우리는 다음과 같은 방법을 시도할 수도 있다. 우리가 그 중심인 어떤 구체球體 안에 있고 1936년 초에 일어나고 있는 모든 일을 알고 있다고 가정해 보자. 좀 더 명확히 하기 위해, 그 구체가 매우 커서 빛이 둘레에서 중심에 도달하는 데 꼬박 1년이 걸린다고 가정하자. 빛보다 빠른 것은 없으니 결정론이 맞는다면 1936년 구체의 중심에서 일어나는 모든 일은 그해 초 구체의 내부에 존재했던 것에만 의존해야 한다. 왜냐하면 그보다 멀리 있는 것들이 중심에 어떤 영향을 미치는 데 1년 이상 걸릴 것이기 때문이다. 실제로 우리는 그해가 끝나기 전에는 우리가 상정한 자료를 전부 입수할 수 없다. 왜냐하면 구체의 둘레에서 빛이 우리에게 도달하려면 그만큼 시간이 걸릴 것이기 때문이다. 그러나 그 해가 지나면 시간을 소급해서 우리가 지금 가지고 있는 자료가 이미 알고 있는 인과법칙과 함께 그해 동안 일어난 일 전부를 설명하는지 여부를 조사할 수 있다.

설명이 좀 복잡하지는 않을지 걱정이 되기는 하지만, 이제 우리는 결정론에 기초한 가설을 진술할 수 있다. 그 가설은 다음과 같다.

다음과 같은 인과법칙이 있고 이 법칙은 발견될 수 있다. 충분한 (그러나 초인적인 것은 아닌) 계산 능력이 부여된다면, 일정한 시점에

서 일정한 구체 안에서 일어나는 모든 일을 알고 있는 사람은 빛이 구체 둘레에서 중심까지 이동하는 데 걸리는 시간 동안 일어날 일들을 모두 예측할 수 있다.

내가 이 원리가 참이라고 주장하는 것은 아니라는 점을 분명히 이해해주었으면 한다. 나는 단지 '결정론'에 유리하든 불리하든 그에 대해 무엇이든 증거가 있어야 한다면, '결정론'이 이러한 의미를 지녀야 한다고 주장하고 있을 뿐이다. 나는 이 원리가 참인지 거짓인지 모른다. 그것은 누구라도 마찬가지일 것이다. 이것은 과학이 자기 앞에 두어온 이상으로 간주될 수도 있지만, 어떤 '선험적' 근거에 기초한 것이 아닌 한 확실한 참으로도, 그렇다고 확실한 거짓으로도 볼 수 없다. 결정론에 찬성하는 논증이건 반대하는 논증이건 그런 논증들을 검토해 보면 사람들이 마음속으로 생각해온 것은 위에서 우리가 도달한 원리보다 분명하지 못함을 알게 될 것이다.

역사상 처음으로 결정론은 이제 과학자로부터 과학적 근거에 기초한 도전을 받고 있다. 그 도전은 양자역학이라는 새로운 원자 연구 방법론에서 비롯하였다. 그 선봉에 아서 에딩턴 경이 있다. 위대한 물리학자들 중 몇 명(예를 들면 아인슈타인)은 이 문제에 관한 그의 견해에 동의하지 않았지만, 그의 주장은 강력하다. 우리는 가능한 한 전문 용어는 피하되, 깊이 있게 그의 논거를 검토할 필요가 있다.

양자역학에 따르면 한 원자가 어떤 환경에서 어떤 행동을 할지는 알 수 없다. 원자에는 가능성이 열려 있는 일련의 명확한 선택 사항이 있으며, 때로는 이 사항을 때로는 저 사항을 선택한다. 우리는 어떤 비율로 첫 선택이 이루어지고, 어떤 비율로 그다음 선택이, 또 어떤 비율로 세 번째 선택이 이루어지는지 등에 대해 안다. 그러나 개별 실례에서 각각의 선택을 결정하는 법칙에 대해서는 전혀 아는 바가 없다. 예를 들면 우리는 패딩턴 역 매표소 직원과 같은 처지다. 그는 마음만 먹으면 패딩턴 역에서 버밍엄 역으로, 또는 엑스터 역으로, 아니면 다른 역으로 가는 여행자의 비율을 알 수 있지만, 여행자들이 이런 경우에 이런 선택을 하고 다른 경우엔 다른 선택을 하는 개인적 이유는 전혀 모른다. 그러나 매표소 직원과 우리 경우가 '전적으로' 같지는 않다. 매표소 직원에게는 일에서 손을 놓아도 되는 순간들이 생기게 마련인데, 그럴 때 그는 사람들이 표를 살 때 언급하지 않는 그들의 개인사를 알아낼 수 있다. 물리학자에게는 그런 이점이 없다. 왜냐하면 그는 일하지 않을 때 원자를 관찰할 기회가 전혀 없기 때문이다. 실험실에 있지 않으면 그가 관찰할 수 있는 것은 수백만 개의 원자로 구성된 커다란 혼란 덩어리의 활동뿐이다. 실험실에 있다고 해도 원자들은 기차가 출발하기 직전 서둘러 표를 사는 사람들보다 많은 정보를 제공하지 않는다. 따라서 물리학자가 알아내는 정보의 수준은, 매표소 직원이 근무시간 외에는 잠만 잤을 경우

얻는 정보의 수준과 비슷하다고 할 수 있다.

지금까지 원자의 움직임에서 도출한 결정론에 반대하는 논의는 어쩌면 전적으로 현재 우리가 무지하기 때문이며, 새로운 법칙이 발견된다면 금방이라도 반박될지 모른다. 이는 어느 정도 진실이다. 우리가 원자에 대해 상세히 알게 된 것은 아주 최근이며, 앞으로 알게 되는 것들이 더욱 늘어날 것이라고 생각할 만한 충분한 이유가 있다. 왜 원자가 어느 순간 어느 하나의 가능성을 선택하고, 다른 순간에는 다른 가능성을 선택하는지 설명하는 법칙이 발견될지도 모른다는 것을 누구도 부정할 수 없다. 현재로서 우리는 각기 다른 선택이 이루어지는 앞선 사건들과 관련한 차이에 대해 아무것도 모르지만, 그러한 차이의 이유도 언젠가는 발견될지 모른다. 우리가 결정론을 믿어야 할 강력한 이유가 있다면, 이 논의는 중요한 역할을 할 것이다

결정론자들에게는 안타까운 일이지만, 원자의 변덕에 관한 현대의 이론은 한 걸음 더 멀리 나아간다. 우리는 일반물리학 덕분에 물체들이 항상 자기들의 움직임을 완전히 결정하는 법칙들에 따라 운동한다는 것을 증명하는 데 유리한 증거들을 많이 갖게 되었다.(혹은 그렇게 생각했다.) 그러나 오늘날에는 이런 모든 법칙이 단지 통계적인 것에 불과하다고 여기게 되었다. 원자들은 여러 가능성 중에 특정한 비율로 하나를 선택한다. 그런데 원자들은 엄청나게 많은 수가 있고 그것들이 선

택한 결과들은 예전 방식으로도 관찰될 수 있을 만큼 충분히 큰 물체들의 경우에는 겉으로 보기에 완전히 규칙적인 모습을 보인다. 당신이 한 사람 한 사람을 자세히 볼 수 없는 거인이어서 100만 명 이하 집단은 인식할 수 없다고 가정해보자. 그러면 당신은 런던에 밤보다는 낮에 더 많은 물질이 있다는 사실을 알아챌 수는 있지만, 특정한 어느 날 딕슨 씨가 몸이 안 좋아 집에서 쉬느라 늘 타던 기차를 타지 않았다는 사실은 알 수 없을 것이다. 따라서 당신은 아침에 런던으로 흘러들어가 저녁이면 빠져나가는 물질의 움직임이 실제보다 훨씬 규칙적인 사건이라고 믿게 될 것이다. 분명 당신은 이것이 태양이 가진 특별한 힘 때문이라고 생각할 것이다. 그리고 이러한 가설은 안개 낀 날에는 이런 움직임이 감소한다는 걸 관찰함으로써 확고해질 것이다. 그러나 나중에 사람들을 하나하나 관찰할 수 있게 되면 당신이 생각했던 것보다 덜 규칙적임을 알게 될 것이다. 이것이 바로 물리학이 원자에 관해서 현재 도달해 있는 상황이다. 물리학은 원자의 움직임을 전적으로 결정하는 그 어떤 법칙도 알지 못한다. 그리고 물리학이 발견한 통계 법칙들로는 큰 물체들의 운동에서 관찰되는 규칙성밖에는 설명하지 못한다. 결정론의 경우는 이런 법칙들에 의존하고 있기 때문에 실패한 것처럼 보이기도 한다.

이런 주장에 대해 결정론자는 두 가지 다른 방식으로 답할지 모른다. 이들은 과거에 얼핏 법칙에 종속되지 않는 것으로

보인 현상들도 이후에는 어떤 규칙을 따르고 있음이 밝혀졌고, 아직 밝혀지지 않았다면 관련 주제가 너무 복잡하기 때문일 뿐이라고 주장할 수도 있다. 많은 철학자들이 믿어왔듯, 법칙의 지배를 믿을 만한 '선험적' 이유들이 있다면 이는 훌륭한 논증이 될 수 있다. 그러나 그런 이유가 전혀 없다면, 우리는 또한 이를 효과적으로 반박할 수 있다. 대규모로 발생하는 현상들에서 나타나는 규칙성은 개별 원자 활동에서 보이는 규칙성을 가정할 필요 없이 확률 법칙에 따른 결과라고 볼 수 있다. 양자론이 개별 원자들과 관련해 가정하는 것도 확률 법칙이다. 원자에 열려 있는 선택지들 중에 원자가 하는 각 선택의 확률은 알려져 있다.(예를 들면 첫 번째 선택을 하는 확률, 두 번째 선택을 하는 확률 등등.) 이러한 확률 법칙에서 우리는 큰 물체들은 고전 역학이 예측하는 대로 행동할 것이 '거의' 확실하다고 추론할 수 있다. 그러므로 큰 물체들에서 관찰된 규칙성은 단지 개연성이 높은 근사치에 가까울 뿐, 개별 원자의 활동에서 완벽한 규칙성을 기대할 만한 귀납적인 근거를 전혀 갖추지 못하고 있다고 할 수 있다.

결정론자가 시도할지도 모를 두 번째 답변은 더 어렵고, 현재로선 그 타당성을 판단하기가 거의 불가능하다. 그는 다음과 같이 말할지도 모른다. "만약 당신이 겉보기에 비슷한 환경에 속한 대량의 유사 원자들의 선택을 관찰한다면, 그들이 갖가지 가능한 이행移行을 시도하는 빈도에 규칙성이 존재함을

인정하게 될 것이다." 이는 남녀 출생 빈도와 비슷하다. 우리는 어떤 특정한 아기가 태어날 때 그 아기가 남자아이일지 여자아이일지 알 수 없다. 하지만 영국에서 남녀 출생 비율이 여자아이 20명당 대략 남자아이 21명인 것은 안다. 그러므로 각 가정에서는 반드시 그렇지 않더라도 전체 인구의 성비에는 규칙성이 있다. 우리는 남녀 아이가 태어나는 과정에서 각각의 경우마다 성별을 결정하는 원인이 있다고 믿는다. 또 21대 20의 비율을 보이는 통계적 법칙이 개별 경우에 적용되는 법칙의 결과가 틀림없다고 생각한다. 마찬가지로 수많은 원자가 관련된 통계적 규칙성이 있다면, 그것은 개별 원자 각각의 운동을 결정하는 법칙들이 있기 때문이라는 주장이 나올 수도 있다. 결정론자는 그런 법칙이 없다면 통계적 법칙도 없다고 주장할 것이다.

이런 주장에 의해 제기되는 문제는 특별히 원자에만 국한된 것은 아니다. 그러므로 양자역학이라는 까다로운 문제는 마음속에서 지워버리고 대신 익숙한 동전 던지기를 예로 들어보자. 우리는 동전의 회전이 역학 법칙에 따라 결정되므로, 엄밀한 의미에서 동전을 던졌을 때 앞면이 나올지 뒷면이 나올지 결정하는 것은 '우연'이 아니라고 확신한다. 그러나 그것을 계산하는 것은 너무 복잡하므로, 어떤 경우에 어느 면이 나올지를 우리는 알 수 없다. 사람들은 수없이 동전을 던지면 (비록 훌륭한 실험적 증거를 본 적은 없지만) 뒷면이 나오는 만큼 앞면

이 나올 거라고 말한다. 확실한 것은 아니지만 그럴 가능성이 아주 높다는 말도 덧붙일 것이다. 그런데 동전을 열 번 던져서 열 번 다 앞면이 나올 수도 있다. 열 번씩 던지기를 1,024번 반복했는데, 딱 한 번만 앞면이 나올 수도 있다. 그러나 던지기를 반복할수록, 연속해서 앞면만 나오는 경우는 훨씬 적어질 것이다. 동전을 1,000,000,000,000,000,000,000,000,000,000번 던졌는데, 100번 연속 앞면이 나온다면, 정말 운이 좋은 것이다. 그러나 이론상 그럴 수 있을 뿐, 그것을 경험으로 증명하기에는 우리 인생이 너무 짧다.

양자역학이 등장하기 훨씬 전부터, 통계적 법칙들은 물리학에서 이미 중요한 역할을 해왔다. 예를 들어 기체는 사방을 향해 다양한 속도로 제멋대로 움직이는 무수한 분자들로 이루어져 있다. 분자의 평균 속도가 빠를 때 그 기체는 뜨겁고, 반대로 느릴 때 그 기체는 차갑다. 모든 분자가 정지해 있을 때 기체의 온도는 절대영도다. 분자는 항상 서로 충돌하기 때문에, 평균 속도보다 빠르게 움직이는 분자는 속도가 점차 느려지고, 평균보다 느리게 움직이는 분자는 속도가 점점 빨라진다. 서로 온도가 다른 두 기체가 접촉하면, 차가운 쪽은 따듯해지고 따듯한 쪽은 차가워져 두 기체의 온도가 같아지는 이유가 바로 이 때문이다. 그러나 이런 모든 일은 일어날 법하다는 말에 지나지 않는다. 온도가 일정한 방에서는 빠르게 움직이는 분자들이 모두 한쪽으로 몰리고 천천히 움직이는 분자들은 모

두 반대쪽으로 몰릴 수도 있다. 그럴 때 외부 원인이 없는 한, 방의 한쪽은 추워지고 다른 한쪽은 더워질 것이다. 심지어 모든 공기가 방 한쪽으로 모여 반대쪽 절반이 비는 일이 생길지도 모른다. 이런 일은 동전을 던져 100회 연속 앞면이 나오는 것보다 훨씬 확률이 낮다. 분자의 수는 워낙 많기 때문이다. 하지만 엄밀히 말하면 전혀 불가능한 일은 아니다.

양자역학에서 새로운 점은 통계적 법칙들이 발생한다는 것 자체가 아니다. 새로운 점은 그런 법칙들이 개별 사건의 발생을 지배하는 법칙들에서 도출되는 것이 아니라 궁극적이라는 주장이다. 이것은 매우 어려운 개념이다. 양자역학 지지자들이 이해하고 있는 것 이상으로 어려운 개념이라고 나는 생각한다. 하나의 원자가 여러 가지 일을 할 수 있는 경우, 각각의 일을 하는 비율은 일정하다는 사실이 관찰되어 왔다. 그러나 개별 원자가 법칙에 따르지 않는데, 다수의 경우에는 왜 그런 규칙성이 존재하는 것일까? 드문 이행 과정을 일련의 특이한 환경에 의존하게 만드는 무언가 있으리라는 가정이 가능하다. 비유를 하나 들어보자. 꽤 그럴듯하다. 실내 수영장에는 다이빙 선수 자신이 좋아하는 높이에서 뛰어들 수 있도록 다이빙대가 여럿 있다. 가장 좋은 다이빙대는 최고의 다이빙 선수만이 선택할 수 있다. 또한 계절별로 비교해보면, 각각의 단을 선택하는 다이빙 선수들의 비율에 상당한 규칙성이 나타날 것이다. 다이빙 선수가 몇 십억 명이라면, 그 규칙성은 더욱 커질

것이다. 그러나 개별 선수들에게 어느 단을 선택할지에 대한 동기가 전혀 없다면, 이런 규칙성이 생기는 이유를 알아내기는 힘들다. 맞는 비율을 유지하기 위해 몇몇 선수가 '반드시' 높은 다이빙대를 선택해야 하는 것처럼 보일 수도 있다. 그러나 이 경우 더 이상 순수한 변덕이라고만은 할 수 없을 것이다.

확률론은 논리적으로나 수학적으로나 지극히 불만족스러운 상태에 있다. 개별적인 경우에는 변덕스러운 현상이라고 보면서, 횟수가 많은 경우에는 어떤 규칙성을 만들어내는 연금술이 존재한다고 볼 수는 없다. 만약 동전을 던졌을 때 앞면이 나올지 뒷면이 나올지 변덕에 따라 선택한다면, 동전의 앞면이 나오는 횟수와 뒷면이 나오는 횟수를 비슷한 비율로 선택할 거라고 말할 만한 이유가 과연 있는가? 변덕이 항상 같은 면만 선택하게 만들 수도 있지 않은가? 이건 단지 제안에 불과할 뿐이다. 자신 있게 말하기에는 주제가 너무 모호하기 때문이다. 그러나 여기에 어떤 타당성이 있다면, 우리는 세계의 궁극적 규칙성은 횟수가 많은 경우들과 관련 있다는 견해를 받아들일 수 없으며, 원자의 행동에 대한 통계적 법칙들은 아직까지 발견되지 않은 개별 원자의 행동 법칙들에서 도출된다고 가정해야 할 것이다.

원자에게 자유가 있다는 것을 사실로 가정한 에딩턴은 정서적으로 받아들일 수 있는 결론에 도달하기 위해 하나의 가정을 세워야 했는데, 이것이 현재로서는 단지 가설에 지나지

않는다고 그는 인정했다. 그는 인간의 자유의지를 지키고 싶어 하며, 자유의지에 무언가 중요성이 부여되려면 거대 규모의 역학 법칙에서 나오는 것과는 다른 거대 규모의 육체 운동을 일으킬 힘이 있어야 한다고 보았다. 그런데 이미 고찰한 것처럼 대규모 역학 법칙은 원자에 관한 새로운 이론들에 의해 변경되지 않는다. 다만 새로운 이론은 확실성 대신 매우 높은 개연성에 대해 언급할 뿐이다. 아주 작은 힘이 매우 큰 결과를 가져올 수도 있는 어떤 특유의 불안정성 때문에 이런 개연성이 약해질 수 있다는 상상도 가능하다. 에딩턴은 이런 종류의 불안정성이 생체에, 특히 두뇌 속에 존재할지도 모른다고 상상했다. 자유의지의 작용은 하나의 원자가 그것보다는 이것을 선택하도록 이끌 수 있어, 그로 인해 미묘한 균형을 깨뜨려 저것이 아니라 이것을 말하도록 하는 식의 대규모 결과를 가져올 수 있다. 이는 추상적으로나 가능하다는 것을 부정할 수는 없지만, 이것이 양보할 수 있는 최대치다. 원자가 자유롭다는 생각을 없앨 수 있는 새로운 법칙들이 발견될 가능성도 있는데, 내 생각에는 이쪽이 훨씬 그럴듯해 보인다. 원자의 자유를 인정하더라도, 상당한 크기의 다른 물체들의 운동에 전통 역학을 적용할 수 있도록 하는 평균화 과정에서 대규모 육체 운동이 제외된다는 경험적 증거는 없다. 인간의 자유의지를 물리학과 조화시키려는 에딩턴의 시도는 흥미롭고 또 (현재로서는) 엄밀하게 논박할 수 없지만, 양자역학 이전에 제기된 주제

에 관한 이론들의 변화를 요구할 만큼 충분한 타당성이 있어 보이지는 않는다.

심리학과 생리학은 자유의지의 문제에 관한 한, 자유의지를 부정하는 경향을 보였다. 내분비 작용에 관한 연구, 두뇌 여러 부분의 기능에 관해 늘어난 지식, 파블로프의 조건반사 조사 연구, 억압된 기억이나 욕망이 미치는 영향에 관한 정신분석적 연구는 모두 정신적 현상을 지배하는 인과법칙들을 발견하는 데 기여했다. 물론 이들 모두 자유의지의 가능성을 반증하지는 않았지만, 원인이 없이 자유의지가 발생하는 일은 매우 드문 경우에 불과하다는 것을 확인해주었다.

자유의지에 속한다고 간주되는 감정적 중요성은 주로 어떤 사고의 혼란에 근거하는 것으로 보인다. 사람들은 만약 의지에 원인이 있다면, 하고 싶지 않은 일들을 하도록 자신들이 강요당할지도 모른다고 생각한다. 물론 이것은 잘못된 생각이다. 소망은 행위의 원인이다. 심지어 소망 자체에 원인이 있다고 하더라도 그렇다. 하고 싶지 않은 일을 할 수는 없겠지만, 이러한 제약에 대해 불평하는 것은 비합리적으로 보인다. 소망이 방해받을 때는 불쾌하겠지만, 소망에 원인이 있다고 해서 소망에 원인이 없을 때보다 딱히 더 자주 이뤄지는 것은 아니다. 또한 결정론은 우리가 무력하다는 감정을 정당화하지 않는다. 능력이 의도한 결과를 이끌어낼 수 있으며, 이는 의도의 원인들이 발견된다고 해서 증가하거나 감소하지 않는다.

자유의지를 믿는 사람들은 항상 정신의 또 다른 영역에 자유의지의 원인이 있다고 믿는다. 예를 들어 그들은 좋은 교육으로 덕성을 함양할 수 있고, 종교 교육은 도덕심을 기르는 데 매우 유익하다고 생각한다. 그들은 설교에 좋은 효과가 있고, 도덕적 훈계가 사람들에게 도움이 될 거라고 믿는다. 만약 도덕적 의지에 원인이 없다면, 그것을 장려하기 위해 우리가 할 수 있는 일은 아무것도 없게 된다. 바람직한 일을 하도록 타인을 북돋는 것을 자기나 혹은 다른 누군가의 능력으로 충분히 할 수 있는 일이라고 믿는 사람이 있다면, 그 사람은 그만큼 심리적 인과관계를 믿는 것이지 자유의지를 믿는 것은 아니다. 서로에 대한 우리의 관계는 모두 인간의 행위에 선행하는 환경에서 비롯된다는 가정에 기초한다. 정치적 선전, 형법, 이러저러한 행동을 촉구하는 책을 쓰는 일 등은 사람들의 행동에 전혀 영향을 미칠 수 없다면, 그 '존재 이유'를 잃어버릴 것이다. 자유의지론에 어떤 의미가 함축되어 있는지는 정작 그 이론을 주장하는 사람들조차 제대로 이해하지 못하는 것 같다. "당신은 왜 그렇게 행동했나요?"라고 물을 때, 우리가 듣고 싶어 하는 답은 그런 행동을 일으킨 원인이 된 믿음이나 욕망에 대해서다. 자신이 왜 그렇게 행동했는지 원인을 알 수 없을 때, 우리는 자신의 무의식에서 그 원인을 찾을 수 있을지도 모른다고는 생각하지만 아무런 원인이 없을지도 모른다는 생각은 전혀 하지 못한다.

내성이 자유의지를 즉각 인식하게 한다고 말하는 사람도 있다. 하지만 인과관계를 배제하고 하는 말이 아니라면 이는 잘못된 주장이다. 우리가 알고 있는 것은 우리가 어떤 선택을 했을 때 만약 원했다면 다른 선택을 할 수도 있었다는 점이다. 내성만으로는 우리가 그런 선택을 하는 걸 원하게 만든 원인이 존재했는지 여부는 알 수 없다. 매우 이성적인 행위는 그 원인을 알 수 있을지도 모른다. 우리가 법률적 · 의학적 · 재정적 조언을 받아들여 그에 따라 행위할 경우, 우리는 그 조언이 우리 행위의 원인임을 알 수 있다. 하지만 일반적으로 보면 내성에 따라서는 행위의 원인을 발견할 수 없다. 행위의 원인은 다른 사건의 원인과 마찬가지로, 그 행동에 선행하는 조건을 관찰하고 어떤 순서의 법칙을 발견함으로써 찾아낼 수 있다.

또한 '의지'라는 개념은 매우 모호하며, 과학적 심리학에서는 곧 사라질 수 있다는 점도 짚고 넘어가야 한다. 우리가 어떤 행위를 할 때 의지의 작용으로 느껴지는 무언가가 선행하는 경우는 별로 없다. 뭔가를 미리 결정하지 않고는 아주 단순한 일조차 할 수 없다면 그것은 일종의 정신질환이다. 예를 들어 우리가 어느 지점까지 걸어가겠다고 결심했다고 치자. 길을 알고 있다면, 목적지에 도착할 때까지 한 걸음 한 걸음 내딛는 행위가 계속된다. '의지'가 관여한다고 느껴지는 때는 처음에 결심을 할 때뿐이다. 우리가 뭔가를 심사숙고한 다음 결정할 때는 각각 매력적인 면도 있고 꺼려지는 면도 있는 둘 또는

그 이상의 가능성이 우리 마음속에 있다. 그러나 마침내 가장 매력적인 것이 무엇인지를 알게 되고 나머지를 포기할 마음을 갖게 된다. 내성을 통해 자유의지를 알아내려고 시도하다 보면, 근육이 긴장하는 것이 느껴지기도 하고 '나는 이것을 하겠다'는 식의 단호한 문장을 내뱉게 되기도 한다. 하지만 내 경우에는 내가 '의지'라고 부를 만한 어떤 특별한 정신 현상이 생겨나는 걸 내 안에서 찾아낼 수 없었다.

물론 '자발적' 행위와 '비자발적' 행위의 구별을 부정하는 것은 우스꽝스러운 일이다. 심장 박동은 완전히 비자발적이다. 호흡, 하품, 재채기 등은 비자발적이지만 (어느 정도) 자발적인 행위로 제어할 수 있다. 걷기나 말하기 같은 신체적 행위는 완전히 자발적이다. 자발적 행위에 관여하는 근육은 심장 박동 같은 것을 제어하는 근육과는 다른 종류의 것이다. 자발적 행위는 '정신적' 선행 조건들에 의해 일어난다. 그러나 이러한 '정신적' 선행 조건들을 우리가 생각하는 '자유의지' 같은 것들처럼 뭔가 특별한 종류의 사건들로 여길 이유가 전혀 없다. 적어도 내게는 그렇게 보인다.

자유의지 이론은 '죄'를 정의하고 처벌, 특히 신의 처벌을 정당화하기 위해 도덕과 관련해 중요하게 여겨져 왔다. 이 측면에 대해서는 다음 장에서 과학과 윤리학의 관계를 논할 때 다시 다루겠다.

이 장에서 내가 처음에는 결정론에 반대하다가 나중에는 자

유의지에 반대하는 주장을 펴는 모순을 범한 것처럼 보일지도 모르겠다. 그러나 사실 이 둘 다 지극히 형이상학적인 믿음들이어서, 과학적으로 확인할 수 있는 범위를 넘어선다. 앞에서 이미 본 것처럼 인과법칙을 탐구하는 것은 과학의 본질이다. 따라서 순전히 실제적인 의미에서 과학자는 항상 결정론을 작업가설로 삼아야 한다. 그러나 과학자는 자신이 실제로 발견한 경우를 제외하고는, 인과법칙이 반드시 존재한다고 주장해서는 안 된다. 그건 현명하지 못한 행동이다. 그렇다고 해서 인과법칙이 적용되지 않는 영역을 알고 있다고 확정적으로 주장하는 건 더더욱 현명치 못한 일이다. 그런 주장은 이론적으로도 실제적으로도 어리석다. 이론적인 측면에서 보면, 우리에겐 그런 확언을 정당화할 수 있을 만큼 충분한 지식이 없다. 실제적인 측면에서 보면, 인과법칙이 존재하지 않는 영역이 있다고 믿게 되면 과학자들의 탐구심이 꺾여 법칙을 발견하는데 방해가 될 뿐이다. 나는 원자의 변화가 완전히 결정론적인 건 아니라고 주장하는 쪽이나 독단적으로 자유의지를 주장하는 쪽 모두에게 이런 이중의 어리석음이 있다고 생각한다. 과학은 이런 상반된 독단론에 맞서 실질적 증거가 보장하는 영역을 넘어서는 주장이나 부정을 하지 말고 순수하게 경험적인 영역에 머물러야 한다.

결정론과 자유의지 사이에서 벌어지는 끊임없는 논쟁은 강력하지만 논리적으로 양립할 수 없는 두 열정의 갈등에서 비

롯된다. 결정론에는 인과법칙의 발견을 통해 힘을 얻을 수 있다는 강점이 있다. 과학은 신학적 편견과의 갈등에도 불구하고, 그것이 힘을 준다는 이유로 받아들여졌다. 자연이 규칙적으로 운행된다는 믿음은 또한 안전하다는 느낌도 준다. 이러한 믿음은 어느 정도 미래를 예견하고 불쾌한 일을 막아준다. 질병과 폭풍을 변덕스러운 악마의 소행이라고 보았던 시절, 그것들은 지금보다 훨씬 더 무시무시한 존재였다.

사람들은 이런 이유로 결정론을 선호한다. 사람들은 자연을 지배하는 힘을 갖고 싶어 하는 반면, 그렇다고 우리를 지배하는 힘을 가진 자연을 좋아하지도 않는다. 만약 인류가 존재하기 이전에 법칙들이 작용했고, 그로 인한 일종의 맹목적 필연성 때문에 남자와 여자가 생겨났으며, 지금 이 순간 자신이 무엇을 말하고 행동하든 그 모든 특이성까지 이 법칙들이 작용한 결과임을 믿으라고 하면, 사람들은 자신의 인격을 빼앗겼다고 느끼고 자신을 쓸모없고 하찮은 존재이자 태초부터 자연에 의해 할당된 부분을 티끌만큼도 변화시킬 수 없는 환경의 노예라 생각하게 될 것이다. 이런 딜레마에서 벗어나기 위해, 어떤 사람들은 다른 모든 것은 결정되어 있지만 인간만이 특별히 자유롭다고 가정하기도 한다. 또 어떤 사람들은 자유와 결정론을 논리적으로 조화시킬 목적으로 기발한 궤변을 동원하기도 한다. 사실 우리가 이 둘 중 어느 하나를 꼭 선택해야 할 이유는 없다. 또한 그것이 무엇이든, 진리가 이 둘의 내용

가운데 동의할 만한 특징들을 결합해 얻어진 것이라거나, 어느 정도 우리의 욕망과 관련하여 확정할 수 있는 것이라고 가정할 이유도 없다.

7 — 신비주의자는 인식의 한계를 묻지만

신비주의

의심할 여지가 없다고 생각되는 일을 전하는 사람의 말을 믿지 못할 이유가 무엇이냐고, 신비한 깨달음을 직접 경험한 사람들은 되묻는다.

과학과 신학의 싸움에는 특이한 면이 있었다. 대부분의 과학자들은 시대와 장소를 불문하고 (18세기 후반 프랑스와 소련은 예외로 하면) 자신들이 살던 시대의 정통 교리를 지지해왔다. 그 중에는 저명한 일류 과학자들도 포함되어 있었다. 뉴턴은 아리우스파이긴 했지만, 그 밖의 다른 모든 면에서는 그리스도교 신앙을 신봉했다. 퀴비에는 가톨릭의 올바름에 대한 본보기였다. 마이클 패러데이는 샌디먼파였지만, 그 자신조차 이 교파의 오류가 과학적 논증을 통해 입증될 수 있다고 보지 않았다. 과학과 종교의 관계에 대한 그의 견해는 모든 그리스도교인에게 박수를 받을 만한 것이었다. 전쟁은 신학과 '과학' 사이에 벌어진 것이었지 신학자와 과학자 사이에 벌어진 것은 아니었다. 과학자들은 비난 받을 요소가 있는 견해를 주장할 때조차 대체로 교회와의 갈등을 피하려고 최선을 다했다. 앞에서 보았듯 코페르니쿠스는 자신의 책을 교황에게 헌정했다. 갈릴레오는 자신의 주장을 철회했다. 데카르트는 네덜란드에 사는 것이 더 현명한 일이라고 생각했지만 그럼에도 성직자들과 원만한 관계를 유지하기 위해 많은 것을 감내했고, 갈릴레오와 견해가 같다는 비난을 피하기 위해 의도적으로 침묵하기까지 했다. 19세기까지도 대부분의 영국 과학자들은 자유주의적 그리스도교인들이 여전히 신앙의 본질이라고 보는 내용과 자신들의 과학 사이에 근본적인 갈등이 없다고 생각했다. 왜냐하면 노아의 대홍수, 심지어 아담과 이브에 관해서조차

그것이 문자 그대로의 진리임을 포기할 수 있게 되었기 때문이다.

오늘날의 상황은 코페르니쿠스주의가 승리를 거둔 이래 항상 그래 왔던 상황과 크게 다르지 않다. 과학적 발견이 계속됨에 따라 그리스도교인들은 중세부터 신앙의 핵심으로 여겨온 믿음들을 차례로 포기하게 되었다. 이런 후퇴가 거듭되자 과학자들도 자신들의 연구가 오늘날 두 진영의 싸움이 도달한 논쟁의 최전선에 있는 것을 다루지 않는 한, 계속해서 그리스도교인으로 남아 있을 수 있었다. 지난 3세기 동안 대부분의 시대에 그러했던 것처럼, 과학과 종교는 이제 화해를 선언한 것처럼 보인다. 과학자들은 과학이 넘볼 수 없는 영역이 존재한다는 사실을 겸허히 인정하고, 자유주의적 신학자들은 과학적으로 증명 가능한 것을 굳이 부정하지 않겠다고 양보한다. 물론 이런 평화를 깨뜨리는 이들이 여전히 존재하는 것도 사실이다. 그 한편에 원리주의자들과 완고한 가톨릭 신학자들이 있다. 다른 한편에는 생화학이나 동물심리학을 연구하는 급진적인 과학자들이 있는데, 이들은 계몽된 성직자들의 비교적 온건한 요구조차 수용하기를 거부한다. 그러나 전체적으로 보면 전투는 과거에 비해 소강 상태다. 공산주의나 파시즘이라는 새로운 교의는 신학적 편협함을 그대로 물려받았다. 그리고 무의식의 영역 깊숙한 어딘가로 들어가면, 주교들이나 교수들 모두 '현상' 유지를 바라고 있는지도 모른다.

국가가 그렇게 보이기를 원하는 과학과 종교 사이의 현재 관계는 다소 교훈적인 책 『과학과 종교에 대한 심포지엄』을 통해 확인할 수 있다. 1930년 가을에 BBC에서 방송된 12개 강연 내용을 담은 책이다. 물론 여기에는 종교에 대한 반감을 노골적으로 드러내는 사람들이 포함되지 않았는데, (다른 이유는 논외로 치더라도) 그들이 정통적인 입장을 가진 청취자들의 마음을 상하게 할 수도 있기 때문이었다. 줄리언 헉슬리 교수의 참으로 뛰어난 머리말이 인상적인데, 그는 가장 온건한 정통주의에 대해서조차 아무런 지지를 드러내지 않았고 그렇다고 현대 자유주의적 성직자들이 반박하고 나설 만한 내용도 담지 않았다. 명확한 의견을 표명하고 원하는 대로 논증을 펼치는 것이 허용된 덕분에, 강연자들은 신과 영혼 불멸을 믿고 싶은 열망을 빼앗긴 데 대한 브로니스와프 말리노프스키 교수의 감상적 고백부터, 계시가 드러내주는 진리가 과학이 밝혀주는 진리보다 더 확실하며 갈등이 있는 곳에서 반드시 승리한다는 오하라 신부의 대담한 주장까지 다양한 입장을 취할 수 있었다. 세세한 부분에서는 차이가 있었지만, 청취자들이 받은 일반적인 인상은 종교와 과학 사이의 갈등이 끝났다는 것이었다. 이는 사람들이 바라 마지않던 바였다. 나중에 강연한 스트리터 사제는 다음과 같이 말했다. "앞선 강연에서 주목할 부분은 대체적인 흐름이 하나의 같은 방향으로 향하고 있다는 점이다. … 과학 그 자체만으로는 충분하지 않다는 생각이 반

복되고 있었다." 이러한 의견 일치가 과학과 종교의 관계에 대한 사실을 말해주는지, 아니면 BBC 당국자들의 태도에 대해 알려주는지는 의문의 여지가 있다. 하지만 많은 차이에도 불구하고 심포지엄의 필자들이 스트리터의 발언에 대해 동의에 가까운 입장을 보인 점은 인정하지 않을 수 없다.

그래서 존 아서 톰슨 경은 말했다. "학문으로서의 과학은 '왜?'라는 질문을 결코 하지 않는다. 즉 이토록 다양한 '존재' '생성' '과정'의 의미, 중요성, 혹은 목적을 탐구하지 않는다." 그의 이야기는 이어진다. "그러므로 과학은 진리의 기반인 척하지 않는다." 따라서 "과학은 신비적이거나 영적인 것에 자신의 방법을 적용할 수 없다." J. S. 홀데인 교수는 "우리가 신의 계시를 발견하게 되는 곳은 오직 우리의 내면일 뿐이다. 즉 진리, 정의, 너그러움, 아름다움, 그리고 그에 뒤따르는 타인과의 우애 등 우리가 적극적으로 유지하는 이상 속에서 우리는 신의 계시를 발견한다"라고 주장했다. 또한 말리노프스키 박사는 "종교적 계시는 원칙적으로 과학의 영역을 넘어선 경험"이라고 말했다. 나는 당장은 신학자들의 주장을 인용하지 않겠다. 왜냐하면 신학자들도 이런 의견에 동의할 것으로 예상되기 때문이다.

더 나아가기 전에 주장된 내용과 그 주장의 진위에 대해 명확히 알아보기로 하자. 스트리터 사제는 "과학으로는 충분하지 않다"고 말했는데, 어떤 의미에서 그건 뻔한 말에 불과

하다. 과학은 예술과 우정, 혹은 삶의 여타 가치 있는 다양한 요소들을 포함하지 않는다. 물론 그가 하는 말의 의미가 이게 다는 아니다. "과학으로는 충분하지 않다"는 말에는 내게도 역시 참으로 보이는 다른 더 중요한 의미가 있다. 과학은 가치에 대해 할 말이 아무것도 없으며, "미워하는 것보다는 사랑하는 것이 더 좋다" 또는 "친절한 것이 잔인한 것보다 바람직하다" 같은 명제를 증명할 수 없다는 뜻이다. 과학은 우리의 욕망을 실현시켜줄 '수단'에 대해서는 많은 것을 말해줄 수 있지만, 어떤 욕망이 다른 욕망보다 더 좋다고는 말해줄 수 없다. 이것은 중요한 주제로, 뒤에서 다룰 것이다.

하지만 내가 앞서 인용한 저자들은 한 걸음 더 나아가고 싶어 했음이 분명하다. 나는 그들이 틀렸다고 생각한다. "과학은 '진리'(나의 강조)의 기반인 척하지 않는다"는 주장은 진리에 도달하는 데에 과학과는 다른 방법이 있다는 의미를 담고 있다. "종교적 계시는 … 과학의 영역을 넘어선 곳에 존재한다"는 발언은 과학 이외의 방법이 무엇인지에 대해 말하고 있다. 그것은 바로 종교적 계시의 방법이다. 성당참사회장 잉은 더 명확하게 말했다. "종교의 증거는, 그 경우 실험적이다." (그는 신비주의자들의 증언에 대해 이야기했다.) 그는 이어서 말했다. "이는 신이 인류에게 스스로를 내보일 때 갖춘 세 가지 속성, 즉 종종 절대적이거나 영원한 가치라고 불리는 선 혹은 사랑, 진실, 아름다움의 영향력 아래 놓인, 신에 대한 점진적 지식

이다. 그것이 전부라면 종교가 자연과학과 충돌할 이유가 전혀 없다고 여러분은 말할 것이다. 전자는 가치를 다루고 후자는 사실을 다룬다. 양자 모두 실제라 해도 서로 다른 차원에 놓여 있다. 그러나 실상은 그렇지도 않다. 과학이 윤리나 시의 영역을 침범하는 것을 나는 많이 보아왔다. 따라서 종교도 침범하지 않을 도리가 없다." 그가 볼 때 종교는 무엇이 존재해야 하는가에 대해서뿐만 아니라 무엇이 존재하는가에 대해서도 주장을 펴야만 한다는 것이다. 잉이 공언한 이러한 견해는 톰슨 경이나 말리노프스키 박사의 말 속에도 내포되어 있다.

우리는 종교를 지지하면서, 과학의 영역 밖에 있고 '계시'라고 불리는 것이 적절한 지식의 원천으로 존재함을 인정해야 하는가? 이것은 논의하기가 어려운 문제다. 자신들에게 진리가 계시되었다고 믿는 사람들은, 우리가 감각 대상을 확신하듯이 그것을 확신한다고 공언하기 때문이다. 우리는 전에 보지 못했던 것들을 망원경으로 본 사람의 말을 믿는다. 이와 마찬가지로 의심할 여지가 없다고 생각되는 일을 전하는 사람의 말을 믿지 못할 이유가 무엇이냐고, 계시를 받은 사람들은 묻는다.

신비한 깨달음을 직접 경험한 사람과 논쟁을 시도하는 일은 소용없는 짓일지도 모른다. 하지만 제삼자가 그 증언을 받아들여야 할지 말아야 할지에 대해서는 뭔가 할 말이 있을 수 있다. 우선 그것은 통상적인 실험 대상이 아니다. 과학자들은

실험 결과에 대해 말할 때, 실험 과정에 대해서도 보고한다. 그래서 다른 사람도 그 실험을 반복할 수 있다. 그 결과가 일치하지 않으면 그 실험은 참으로 받아들여지지 않는다. 하지만 많은 사람들이 신비주의자가 경험한 환영 상태와 같은 조건에 놓여도 똑같은 계시를 받지 못한다. 이에 대해서는 적절한 감각을 사용해야 한다는 답을 듣게 될 수도 있다. 눈을 감고 있는 사람에게는 아무리 좋은 망원경도 아무 소용이 없다고 말이다. 신비주의자의 증언을 믿어야 하는지에 대한 논의는 아무리 해도 끝이 없다. 과학은 중립적이어야 하며, 이 역시 불확실한 실험에 관해 이루어지는 논의처럼 엄밀히 다뤄야 할 과학적 논쟁이기 때문이다. 과학은 지각과 추론에 의존한다. 과학을 믿을 수 있는 것은, 어떤 관찰자라도 지각된 것을 검증할 수 있다는 사실에 의존한다. 신비주의자는 자신이 '안다'고 확신할 것이므로, 과학적 검증이 필요하다는 생각을 하지 못할 것이다. 하지만 그의 증언을 받아들이라고 요구받은 사람은 그 증언에 대해, 북극에 다녀왔다는 사람에게 적용하는 것과 같은 종류의 과학적 검증을 시도할 것이다. 적어도 과학이라면 긍정적이건 부정적이건 결과에 대해 결코 예단해서는 안 된다.

신비주의자를 지지하는 주된 논거는 그들이 서로 의견 일치를 보인다는 점이다. 잉 사제는 이렇게 말했다. "그리스도교 신비주의자들이 가장 신뢰할 만하지만, 고대·중세·근세를 통

틀어, 또 구교와 신교, 심지어 불교와 이슬람교까지 신비주의자들이 만장일치를 보인다는 것은 매우 놀랄 만한 일이다." 나는 오래전 『신비주의와 논리』라는 내 저서에서 밝혔듯이, 이런 논쟁의 힘을 깎아내리고 싶은 생각이 없다. 신비주의자들은 자신의 경험을 말로 표현하는 능력에서 상당한 차이를 보이지만, 가장 성공한 신비주의자들은 모두 다음과 같은 주장을 하는 것으로 보인다. 1) 모든 분할이나 분리는 실재가 아니다. 우주는 분할할 수 없는 하나의 통일체다. 2) 악은 환영이다. 환영은 부분에 지나지 않는 것을 스스로 존립한다고 잘못 생각함으로써 발생한다. 3) 시간은 실재가 아니다. 실재는 영속한다는 의미에서가 아니라 완전히 시간을 벗어나 있다는 의미에서 영원하다. 나는 이 세 가지가 모든 신비주의자들이 동의하는 사항을 완전히 설명해준다고 생각하지는 않는다. 그러나 이 세 가지 명제는 신비주의 전체의 특성을 드러내는 데 분명 도움이 된다. 우리가 지금 법정에 있는 배심원이라고 가정해 보자. 우리가 할 일은 다소 놀라운 이 세 가지 주장을 하는 증인들의 신빙성 여부를 판정하는 것이다.

우리는 먼저 증인들이 어느 선까지는 의견이 일치하다가도, 그 선을 넘어가면 완전히 다른 말을 하는 모습을 보게 될 것이다. 그들의 태도는 의견이 일치했을 때와 똑같이 확신에 차 있다. 구교도는 성모마리아가 발현하는 환영을 볼 수도 있지만, 신교도는 그렇지 않다. 그리스도교도와 이슬람교도는 대

천사 가브리엘이 계시한 위대한 진리를 확신하겠지만, 불교도는 다르다. 고대 중국 도교의 신비주의자들은 중심 교리의 필연적 결과로서 모든 통치는 악이라고 가르칠 것이다. 반면 유럽이나 이슬람교의 신비주의자들은 대부분 같은 확신을 가지고 기성 권위에 복종하라고 권한다. 견해를 달리하는 부분에 대해 각 집단은 다른 집단의 말에 신빙성이 없다고 말할 것이다. 따라서 우리가 단지 신비주의에 반대하는 재판에서 승리하는 것으로 만족하겠다면, 대부분의 신비주의자들이 다른 신비주의자들이 잘못하고 있다고 생각한다는 지점을 지적할 수는 있다. 하지만 이는 절반의 승리일 뿐이다. 신비주의자들은 자신들이 나뉘는 것보다 하나가 되는 것이 더 중요하다는 데 의견을 같이할지도 모른다. 어쨌든 그들이 서로의 차이점을 나름대로 받아들이고, 세 가지 사항, 즉 세계의 통일성, 악의 환영적 성격, 시간의 비실재성을 옹호하는 데 집중했다고 가정해보자. 공평한 외부인으로서, 우리는 그들의 일치된 증언에 어떤 검증 방법을 적용할 수 있을까?

과학적 기질을 지닌 사람으로서 당연히 우리는 먼저 우리 자신도 그들과 똑같은 증거를 획득할 수 있는 방법이 있는지 물을 것이다. 이에 대해 우리는 다양한 대답을 들을 수 있다. 자기들이 제시한 증거를 받아들일 마음의 자세가 되어 있지 않다는 말을 듣게 될 수도 있고, 겸손함이 부족하다든가, 단식이나 종교적 명상이 필요하다든가, 혹은 (증인이 인도인이나 중국

인이라면) 호흡 훈련이 반드시 필요한 전제 조건이라는 말을 듣게 될 수도 있다. 단식이 효과적일 수도 있겠지만, 실험적 증거의 무게는 마지막 견해 쪽으로 기울게 되리라 생각된다.

사실 요가라는 특정한 육체적 훈련이 있는데, 이것은 신비주의적 확신을 얻기 위해 행해지는 대표적인 방법으로, 시도해본 사람들은 이것을 자신 있게 추천한다. 호흡법 훈련은 요가의 가장 본질적인 특성이다. 우리의 목적을 위해 그 밖의 것은 무시해도 좋을 것이다.[15]

요가가 통찰력을 준다는 주장을 어떻게 검증할 수 있는지 이해하기 위해 그 주장을 인위적으로 단순화해보자. 만약 '일정한 시간 동안' 일정한 방식으로 호흡한다면, 시간이 실재하지 않는다는 걸 확신하게 될 거라고 많은 사람이 우리에게 장담한다고 가정하자. 나아가 그런 비법을 따르자 그들이 말하는 것과 같은 마음의 상태를 우리 자신이 경험했다고 가정해보자. 하지만 지금은 보통의 호흡 상태로 돌아왔고, 당시의 환영을 믿어야 할지 완전한 확신이 없다. 이 문제는 어떻게 봐야 할까?

우선, 시간이 실재가 아니라는 말은 어떤 의미일까? 문자 그대로의 의미라면, "이 사건은 저 사건 전에 발생했다"라는 식의 진술은 "twas brillig" 같은 무의미한 문자열처럼 공허한

15 중국의 요가에 대해서는 아서 웨일리, 『도(道)와 그 힘』, 117~118쪽 참조.

잡음에 지나지 않는다. 이보다 덜한 무언가, 예를 들어 사건들 사이에는 시간적 전후 관계처럼 그것을 같은 질서 안에 배열시키는 관계가 존재하는데 이것을 또 다른 관계라고 보는 식의 가정을 한다면, 우리는 우리 관점에 실질적 변화를 가져올 수 있는 주장을 전혀 하지 않는 것과 다름없다. 이는 『일리아드』는 호메로스가 쓴 것이 아니라 같은 이름을 가진 다른 사람이 썼다고 가정하는 것과 같다. 우리는 '사건'이 전혀 존재하지 않는다고 가정해야 한다. 다만 시간적 진행이라는 잘못 인식된 현상 속에서 나타나는 모든 실재를 포괄하는 방대한 전체로서의 우주만이 존재할 뿐이다. 현실에는 명백히 전후를 구별할 수 있는 사건에 대응하는 것이 존재하지 않음이 분명하다. '우리는 태어나고 성장하고 그리고 죽는다'라고 말하는 것은, '우리는 죽고 작아지고 마침내 태어난다'고 말하는 것과 똑같이 거짓임이 분명하다. 개별적인 삶으로 보이는 것은 시간이 존재하지 않는 불가분의 우주적 존재로부터 한 요소를 고립시켜 보는 환상일 뿐이다. 개선과 악화는 구별할 수 없고, 행복으로 끝나는 슬픔과 슬픔으로 끝나는 행복 사이에도 차이가 없다. 당신이 단검에 찔린 시체를 발견하더라도, 그 사람이 찔린 상처 때문에 죽었는지 죽은 다음에 찔렸는지 분간할 도리가 없다. 만약 이런 견해가 참이라면 이는 과학뿐만 아니라 인간의 사리 분별, 희망, 노력에까지 종지부를 찍는 일이다. 이는 세속의 지혜, 그리고 종교에 더욱 중요한 도덕과도 양립할

수 없다.

물론 대부분의 신비주의자들은 이들의 결론을 전적으로 수용하지는 않는다. 그러나 이러한 결론에 도달할 수밖에 없음을 믿으라고 줄기차게 주장한다. 그런 이유로 잉 사제는 진화에 호소하는 종교를 거부한다. 그것이 시간적 진행 과정을 지나치게 강조한다는 게 이유다. 그는 "진보의 법칙은 없으며, 또한 보편적인 진보도 없다"고 말한다. "빅토리아 시대의 많은 신자들이 자동적이고 보편적인 진보 이론을 믿었지만, 오늘날엔 분명히 반증될 수 있는 거의 유일한 철학적 이론이라는 약점 때문에 의심을 받고 있다." 이에 관해서는 나중에 다시 논하겠지만, 나도 잉 사제의 의견에 동의한다. 나는 많은 이유에서 그를 지극히 존경한다. 그가 자신의 전제들에서 이끌어내는 추론이 완전히 타당해 보이는 건 아니지만 말이다.

신비주의 이론은 얼렁뚱땅 넘어가지 않을 필요가 있다. 나는 여기에 지혜의 핵심이 있다고 본다. 시간을 부정하는 데서 생길 수 있는 극단적인 결과를 피하기 위해 신비주의가 어떤 노력을 하고 있는지 살펴보자.

신비주의에 기초한 철학에는 파르메니데스에서 헤겔에 이르는 위대한 전통이 있다. 파르메니데스는 "존재하는 것은 생성되지도 소멸되지도 않는다. 왜냐하면 완전하고 움직일 수 없고 끝이 없기 때문이다. 그것은 전에도 그러지 않았으며 앞으로도 그러지 않을 것이다. 왜냐하면 '지금', 동시에, 연속적

인 것으로 존재하기 때문이다"라고 말했다.[16] 그는 형이상학에 실재와 현상, 그의 표현을 빌리자면 진리의 방법과 억견臆見의 방법의 구분을 도입했다. 시간의 실재성을 부정하려면 그러한 구별을 끌어들이지 않을 수 없는데, 그것은 세계가 분명히 시간 안에 있는 것처럼 '보이기' 때문이다. 또한 일상의 경험이 '전적인' 환상이 되지 않으려면, 현상과 그 배후에 있는 실재 사이에 어느 정도 일정한 관계가 있지 않으면 안 된다. 여기에서 가장 큰 어려움이 생겨난다. 현상과 실재의 관계가 너무 긴밀해지면, 현상에서 나타나는 모든 불쾌한 특성이 실재에서도 대응하여 나타날 것이다. 반대로 양자의 관계가 너무 멀어지면, 현상의 특성에서 실재의 특성을 추론해낼 수 없게 될 것이다. 따라서 허버트 스펜서(철학적으로 불가지론 입장을 견지한 영국 철학자－옮긴이)의 경우와 같이 실재는 모호하고 알 수 없는 것으로 남겨질 것이다. 그리스도교인들에게는 범신론을 피하는 것과 관련해 어려운 문제가 있다. 만약 세계가 '단지' 현상에 불과하다면, 신은 아무것도 창조하지 않은 것이 되며, 세계에 대응하는 실재는 신의 일부가 된다. 그러나 세계가 어느 정도라도 실재하고 또 신과 구별되는 것이라면, 우리는 신비주의의 본질적 믿음인 모든 것이 하나의 전체라는 생각을 버려야만 한다. 또한 세계가 실재인 한, 거기 포함된 악 역

16　존 버넷, 『초기 그리스 철학』, 199쪽에서 인용

시 실재임을 가정할 수밖에 없다. 이러한 난점들은 정통파 그리스도교인들이 신비주의를 전적으로 받아들이는 것을 어렵게 만들었다. 버밍엄의 주교는 말했다. "모든 형태의 범신론은 … 내가 보기에는 반드시 거부되어야만 한다. 왜냐하면 인간이 정말 신의 일부라면, 인간 안에 있는 악 역시 신의 일부이기 때문이다."

지금까지 나는 우리가 배심원단이라고 가정하고, 신비주의자들의 증언을 경청한 뒤 그것을 받아들일지 거부할지 결정하려고 해보았다. 그들이 감각 세계의 실재성을 부정할 때, 그것이 법정에서 일반적으로 사용되는 '실재성'을 의미한다면, 그들의 주장을 거부하는 것을 전혀 주저하지 말아야 한다. 왜냐하면 그것은 다른 모든 증언뿐만 아니라, 일상적인 상태에서 하는 증언마저도 모순으로 만들기 때문이다. 따라서 우리는 그들이 말하는 '실재성'에서 뭔가 다른 뜻을 찾아야 한다. 나는 신비주의자들이 '실재'와 '현상'을 대조할 때, '실재'라는 말이 논리적 의미가 아니라 감정적 의미를 띤다고 믿는다. 이는 어떤 의미에서 중요한 것을 의미한다. 그들은 시간이 '실재가 아니다'라고 말할 때, 어떤 의미 혹은 어떤 경우에서는 우주를 전체로서, 즉 창조주가 존재한다면 그가 우주를 창조하기로 결심했을 때 마음에 품었던 모습으로 생각하는 것이 중요하다는 뜻을 전하고 싶은 것이다. 그렇게 생각하면, 모든 과정은 하나의 완결된 전체 안에서 이루어진다. 과거, 현재, 미래는

모두 어떤 의미에서 동시에 존재하고, 현재는 우리가 통상적으로 세계를 이해하는 방식에서 존재하는 탁월한 실재를 보여주지 않는다. 이러한 해석이 받아들여진다면, 신비주의는 하나의 사실이 아니라 하나의 감정을 표현하는 것이 된다. 신비주의는 아무것도 주장하지 않으며, 따라서 과학에 의해 긍정될 수도 부정될 수도 없다. 신비주의자들이 여러 주장을 하는 것은 그들이 감정적 중요성과 과학적 타당성을 구별하지 못하는 탓이다. 물론 그들이 이러한 견해를 받아들이리라고 기대할 수는 없다. 다만 내 생각에는, 이것이 그들의 주장을 어느 정도 인정하는 동시에 과학적 지성들에게 허용할 수 있는 유일한 방법이다.

신비주의자들이 자신들의 주장을 확신하고 있다거나 부분적으로 의견 일치를 보인다는 점은 그들의 주장을 사실로 받아들여야 할 결정적인 이유가 되지 못한다. 과학자는 자신이 관찰한 것을 다른 사람들에게 보여주고 싶을 때 현미경이나 망원경을 준비한다. 즉 외부 세계에는 변화를 일으키지만 관찰자에게는 그저 정상적인 시력만을 요구할 뿐이다. 이에 반해 신비주의자들은 단식이나 호흡법 수련을 통해, 혹은 외부에 대한 관심에서 조심스럽게 물러남으로써 관찰자 자신 안에서 변화를 만들어낼 것을 요구한다.(이런 수련에 반대하면서 인위적인 방법으로는 신비주의적 깨달음에 도달할 수 없다고 생각하는 사람들도 있다. 과학적 관점에서 볼 때, 이렇게 생각하는 사람들을 검증하는

일은 요가에 의존하는 사람들의 경우보다 더 어렵다. 하지만 단식이나 금욕적 생활이 유익하다는 데는 거의 모든 사람이 동의한다.)

우리 모두는 아편, 대마초, 그리고 술이 관찰자에게 일정한 영향을 미친다는 것을 잘 알고 있다. 하지만 이런 영향들이 바람직하다고 생각하지 않기 때문에, 우주에 관한 이론을 검토할 때 고려 사항으로 여기지 않는다. 어쩌면 그런 것들을 통해 간혹 진리의 한 조각이 드러날지도 모른다. 하지만 그것들을 일반적인 지혜의 원천으로 보지는 않는다. 술에 취해 뱀을 본 주정뱅이는 술이 깬 뒤 자기가 다른 사람들은 모르는 실제를 보았다고 생각하지 않는다. 물론 이것과 완전히 다르지 않은 어떤 믿음이 바쿠스 숭배를 낳은 것이 분명하기는 하지만 말이다. 윌리엄 제임스가 지적한 것처럼,[17] 웃음 가스를 마신 상태에서 생기는 도취 상태가 평상시에는 숨겨져 있던 진리를 드러나게 해준다고 믿는 사람들이 지금도 있다. 과학적 견지에서 보면, 음식을 거의 아무것도 먹지 못한 사람이 천국을 보았다고 주장하는 것과 만취한 사람이 뱀을 보았다고 말하는 것 사이에는 아무런 차이가 없다. 둘 다 신체적으로 비정상적인 상태에 놓여 있기 때문에 정상적인 지각을 할 수 없는 사람들이다. 정상적인 지각은 생존 경쟁에 도움이 되어야 하므로 일정 정도 사실과 대응해야 한다. 그러나 비정상인 지각에는

17 그의 『종교적 경험의 다양성』을 참조하라.

그러한 대응을 기대할 이유가 전혀 없다. 따라서 비정상적인 지각을 한 사람들의 증언이 정상적인 지각을 한 사람들의 증언보다 중시될 수는 없다.

신비주의적 감정은 만약 부당한 믿음에서 자유롭고 사람의 일상적 생활을 위협할 정도로 극단적이지만 않다면, 매우 가치 있는 어떤 것, 좀 더 고양된 형태로 명상을 통해 얻을 수 있는 것 같은 종류의 무엇인가를 우리에게 선사할 수도 있다. 여유로움, 고요함, 심오함은 모두 이러한 감정에서 비롯되는지도 모른다. 잠시 자기중심적인 욕망이 사라지고 마음은 방대한 우주를 비추는 거울이 된다. 이러한 경험을 한 적이 있고, 그것이 우주의 본질에 대한 주장과 불가피하게 연결되어 있다고 믿는 사람들은 이런 주장에 대한 미련을 버릴 수 없게 된다. 나는 이런 주장들은 불필요하며 참이라고 믿을 이유도 없다고 생각한다. 나는 진리에 도달하는 방법에 과학적 방법 말고 다른 어떤 방법이 있다는 것을 인정할 수 없다. 하지만 감정의 영역에서 종교가 생겨나는 그러한 경험의 가치까지 부정하지는 않는다. 그런 경험은 잘못된 믿음과 결합되어 선뿐만 아니라 많은 악을 낳았다. 이런 결합에서 자유로워진다면, 오직 선한 것만이 남으리라고 기대할 수도 있을 것이다.

8 — 모든 존재하는 것에는 이유가 있다는 생각

우주적 목적을 찾아서

우주적 목적을 믿는 사람들은 세계가 지금처럼 진화를 계속해나가리라 믿고, 이미 발생한 모든 것은 우주가 선한 목적을 품고 있다는 증거라고 여긴다. 과연 그런가?

현대 과학자들은 종교에 적대적이지 않거나 무관심하지 않다면, 이전 교의들의 잔해 속에서도 살아남을 수 있다고 생각하는 한 가지 믿음, 즉 우주적 목적에 대한 믿음에 집착한다. 자유주의적 신학자들 역시 우주의 목적을 자신들 교리의 핵심 조항으로 삼는다. 교리는 몇 가지 형태로 나타나는데, 그것들은 모두 어떤 의미에서 긴 전체 과정에 이유를 부여하는, 즉 윤리적으로 가치 있는 것을 향해 나아가는 진화라는 개념을 공유한다. J. 아서 톰프슨 경은 앞서 살펴본 것처럼 과학은 '왜'라는 의문에 답할 수 없기 때문에 불완전하다고 주장했다. 그는 종교가 그에 대해 답할 수 있다고 생각했다. 왜 별들이 형성되었는가? 왜 태양은 행성들을 낳았는가? 왜 지구는 차가워졌고, 마침내 생명체를 낳았는가? 왜냐하면 그 결과로 뭔가 감탄할 만한 일이 결국 생겨날 것이기 때문이었다. 나는 그게 무엇인지 확신할 수 없다. 하지만 그것이 과학적인 신학자들과 종교적인 과학자들의 출현이라고 믿고 있다.

우주적 목적이라는 교리에는 세 가지 형태가 있다. 유신론적, 범신론적, 그리고 소위 '창발적'이라고 불릴 만한 것이다. 가장 단순하고 정통적인 첫째 교의는 신이 세계를 창조했고 자연법칙들을 명했는데, 그것은 적절한 시기에 어떤 선이 진화할 것임을 예견했기 때문이라고 주장한다. 이 견해에 따르면, 목적은 창조주의 마음속에 의식적으로 존재하며, 창조주는 자신의 창조물 밖에 남아 있다.

범신론적 형태에서 신은 우주 밖에 존재하는 것이 아니라 하나의 전체로 간주되는 우주다. 따라서 창조 행위라는 것은 존재할 수 없지만, 우주 '안'에 일종의 창조적 힘이 존재하며, 그 힘이 전체 과정을 진행시키면서 염두에 두었던 계획에 따라 우주를 발전시킨다고 본다.

'창발적' 형태에서 목적은 보다 맹목적이다. 초기 단계에 우주에 있는 것은 이후 단계를 전혀 예견할 수 없으나, 일종의 맹목적 충동이 보다 발전된 형태를 일으키는 변화로 이끈다. 따라서 어느 정도 모호한 의미에서 목적은 그 시작에 내포되어 있다.

이 세 가지 형태 모두 앞서 언급한 BBC 방송 강연이 수록된 책자에 나온다. 버밍엄의 주교는 유신론적 형태를, 홀데인 교수는 범신론적 형태를, 새뮤얼 알렉산더 교수는 '창발적' 형태를 각각 옹호했다. 셋째 형태를 좀 더 잘 대변하는 대표 주자는 앙리 베르그송과 콘웨이 로이드 모건 교수일 것이다. 각 학설의 핵심은 그것들을 주장하는 사람들의 직접적인 말이나 글을 통해 더 명확하게 드러난다.

버밍엄의 주교는 "우주에는 인간의 이성과 유사한 합리성이 있으며 … 이 때문에 우리는 우주적 과정을 이끌어가는 것이 어떤 하나의 마음일지도 모른다는 의문을 갖게 된다"고 주장했다. 이러한 의문은 오래가지 않는다. 우리는 바로 다음과 같이 배울 것이다. "이 거대한 파노라마 속에 문명화된 인간의

창조에서 정점에 달한 진보가 분명히 존재해왔다. 그런 진보는 맹목적인 힘에서 나온 것일까? 이 의문에 '그렇다'고 대답하는 것은 불가능해 보인다. … 사실 오늘날 과학적 방법으로 얻은 지식으로부터 자연스럽게 도출되는 결론은, 우주가 일정한 목적을 향해 의지가 이끄는 생각에 지배된다는 것이다. 인간의 창조는 따라서, 전자나 양성자의 특성, 혹은 그러한 표현이 취향이라면, 시공의 불연속성이라는 불가사의하고 전혀 있음직하지도 않은 결과가 아니다. 그것은 어떤 우주적 목적의 결과다. 따라서 그 목적이 지향하는 최후의 목적지는 인간의 뛰어난 자질과 능력 안에서 발견되어야 한다. 사실 인간의 도덕적이고 영적인 능력은 그 정점에서 인간 존재의 원천인 우주적 목적의 본질을 보여준다."

버밍엄의 주교는 앞서 이미 본 것처럼 범신론을 거부한다. 왜냐하면 만약 세계가 신이라면, 세계 안에 있는 악 또한 신 안에 있는 것이 되기 때문이다. 그리고 "우리는 신은 우주를 창조했을 뿐, 그 생성 과정 속에는 존재하지 않는다고 주장해야" 하기 때문이다. 그는 세계 속에 악이 존재함을 솔직히 인정하고 다음과 같이 덧붙였다. "우리는 매우 많은 악이 존재한다는 사실에 당혹스럽다. 이런 곤혹은 그리스도교의 유신론에 반대하는 주요 논거가 되고 있다." 그는 존경스러울 만큼 정직하게도, 우리의 당혹감이 불합리하다는 것을 보여주려는 시도는 전혀 하지 않았다.

번스 박사의 설명은 두 가지 문제를 제기한다. 일반적으로는 우주의 목적에 관한 것, 구체적으로는 그 유신론적 형태에 관한 것이다. 전자의 문제는 남겨두기로 하고, 여기에서는 후자에 대해 잠깐 언급하고 넘어가겠다.

목적이라는 개념은 인간을 만든 존재에게도 해당하는 자연스러운 개념이다. 『아라비안 나이트』가 아닌 한, 단지 집을 원한다고 해서 집을 가질 수는 없다. 그런 희망 사항을 이루려면 시간과 노력을 투자해야 한다. 그러나 전능한 존재는 그러한 제약을 받지 않는다. 만약 신이 실제로 인간을 좋게 생각한다면, 물론 나는 신이 인간을 좋게 생각한다고 보지 않지만, 신은 왜 「창세기」에 나와 있듯 곧바로 인간을 창조하지 않았을까? 어룡, 공룡, 디플로도쿠스, 마스토돈 등은 도대체 무엇을 의미할까? 번스 박사 자신도 어디에선가 촌충이 존재하는 목적은 수수께끼라고 고백했다. 광견병이나 공수병에 어떤 유익한 목적이 있는가? 신이 자연법칙을 정했기 때문에 자연법칙이 필연적으로 선과 함께 악을 낳는다는 것은 답이 되지 않는다. 죄가 원인인 악은 우리 인간이 지닌 자유의지의 결과라고 설명할 수 있을지 모르지만, 인류가 출현하기 이전 악의 문제는 여전히 남는다. 번스 박사가 윌리엄 길레스피의 해결책, 즉 맹수의 육체 속에는 악마가 살고 있고 이들이 지은 죄는 짐승의 창조 이전에 존재했다는 견해를 받아들일 것 같지는 않다. 그러나 논리적으로 만족스러운 다른 대답이 제시될 수 있을지에

대해서는 의문이 든다. 이는 오래되었지만, 여전히 현실적인 어려움이다. 죄로 인한 것이 아닌 악을 포함하여 세계를 창조한 전능한 존재자는 적어도 부분적으로 그 자신이 악이어야 한다.[18]

우주적 목적이라는 교리가 범신론적이면서 창발적 형태를 취하면 이러한 반대에 노출되는 정도가 적다.

범신론적 진화론은 관련된 범신론 각각의 종류에 따라 다양한 모습을 띤다. 우리가 앞으로 살펴볼 홀데인 교수의 범신론은 헤겔과 연결되어 있으며, 따라서 헤겔적인 모든 것과 마찬가지로 이해하기가 상당히 힘들다. 그러나 이 관점은 과거 100년 이상에 걸쳐 상당한 영향을 발휘해온 것으로 한 번쯤 음미해볼 필요가 있다. 게다가 홀데인 교수는 많은 전문 분야에서의 연구로 유명하다. 그는 상세한 생리학 연구로 자신의 일반 철학을 예시해왔는데, 그에게 생물을 다루는 과학은 화학이나 물리학 법칙 이외에 다른 법칙이 필요하다는 점을 입증하는 것이었다. 이 사실은 그의 일반적 견해에 무게를 더한다.

이 철학에 따르면 엄밀히 말해 '죽은' 물질이라는 것은 존재하지 않으며, 의식이라는 성질이 전혀 없는 살아 있는 물질도

18 잉 사제가 지적하듯 "우리는 습관적으로 편협한 도덕주의를 창조주에게 부과하여 악의 문제를 과장한다. 신이 단순한 도덕적 존재라는 설에는 증거가 전혀 없다. 신의 법칙이나 그 작용을 관찰하면, 분명 신은 단순한 도덕적 존재가 아님을 알 수 있다." 『솔직한 에세이』 제2권, 24쪽 참조.

존재하지 않는다. 그리고 한 걸음 더 나아가 모든 의식은 어느 정도 신성을 띤다. 앞장에서 간단히 살펴본 현상과 실재 사이의 차이점은, 홀데인 교수가 직접 언급하진 않았지만, 그의 견해 속에 포함되어 있다. 그러나 오늘날 이 같은 차이점은 헤겔에서와 같이 종류가 아니라 정도의 문제로 넘어간다. 죽은 물질은 가장 실재성이 적고, 산 물질은 조금 더 실재성이 있으며, 인간의 의식은 더 실재성이 높다. 그러나 유일하게 완전한 실재는 신, 즉 신성을 품은 우주다. 헤겔은 이들 명제에 대해 논리적 증거를 제시하겠다고 주장하지만, 그 내용을 자세히 다루려면 책 한 권은 족히 필요할 것이므로 여기서는 가볍게 언급만 하고 넘어가겠다. 다만 BBC 강연 책을 인용하여 홀데인 교수의 견해를 살펴보자.

홀데인 교수는 이렇게 말했다. "만일 우리가 기계론적 해석을 우리 생명 철학의 유일한 기초로 삼으려 한다면, 전통적인 종교적 믿음은 물론 그 밖의 많은 일상적 믿음을 완전히 버려야 할 것이다." 그러나 다행히도 모든 것을 기계론적으로, 즉 화학이나 물리학의 용어로 설명할 필요가 없을 뿐만 아니라 그것이 가능하지도 않은데, 생물학에는 '유기체'라는 개념이 필요하기 때문이라고 그는 생각했다. "물리학적 관점에서 보면 생명은 끊임없는 기적이다." 그리고 "유전적 전이, … 그 자체는 항상 자신을 유지하고 복제하려는 경향을 가진 통합된 유기체로서 생명의 뚜렷한 특징을 함축하고 있다." "만약 우리

가 생명은 자연에 내재하는 것이 아니며 생명이 존재하기 이전부터 어떤 시간이 존재했다고 가정한다면, 그것은 생명체의 출현을 완전히 이해 불가능하게 만들어버릴 부당한 가정이다." "생물학이 우리 경험에 대한 기계론적 혹은 수학적 해석에 결정적인 빗장을 지른다는 사실은 적어도 종교에 관한 우리의 생각들과 관련해서는 매우 중요하다." "생명과 의식적 행동의 관계는 메커니즘과 생명의 관계와 유사하다." "심리학적 해석에 따르면, 현재는 단지 흘러가는 순간에 불과한 것이 아니다. 그것은 자기 안에 과거와 미래 모두를 담고 있다." "생물학에 '유기체'란 개념이 필요하듯, (그의 주장에 따르면) 심리학에는 '인격'이라는 개념이 필요하다. 하나의 인격체를 영혼 '더하기' 육체로 이루어진 존재로 생각하거나, 우리가 아는 것이 외부 세계가 아니라 감각일 뿐이라고 가정하는 것은 잘못이다. 왜냐하면 환경은 우리 '외부'에 있지 않기 때문이다. "공간과 시간은 인격과 분리되지 않는다. 그것들은 인격 안에서 하나의 질서를 표현한다. 따라서 공간과 시간의 방대함은 칸트가 본 것처럼 인격 안에 존재한다." "인격은 서로를 배제하지 않는다. 진리, 정의, 박애, 아름다움이라는 살아 있는 이상이 항상 우리에게 존재하며, 그런 이상이 단지 개인의 관심사가 아니라 우리 모두의 관심사라는 것은 우리 경험에서 드러나는 근본적인 사실이다. 더 나아가 그런 이상은 서로 다른 다양한 측면을 가졌지만 그럼에도 하나의 이상이다."

이 단계부터 우리는 단일 인격에서 신에 이르는 다음 단계를 걸을 준비가 된다. "인격은 단순히 개인적인 것이 아니다. 우리가 신의 존재를 인식하는 것은 이러한 사실 속에 있다. 신은 우리 외부에 있는 존재로서만이 아니라 우리 내부와 주위에서, 인격들의 인격으로서 나타난다." "우리가 신의 계시를 발견하는 것은 오직 우리 안, 진리, 정의, 박애, 아름다움, 그리고 그 결과 생겨나는 타인과의 우애라는 우리의 살아 있는 이상 안에서다." 자유나 영혼 불멸은 신에 속하며, 어떤 경우에도 완전히 '실재'라고 보기 어려운 개인에는 속하지 않는다고도 한다. "온 인류가 소멸해도 신은 영원히 유일한 실재로 남을 것이다. 그리고 그 존재 속에서 우리 안에 있는 실재도 계속 살 것이다."

마지막으로 위안을 주는 생각 하나가 있다. 신만이 유일한 실재이므로, 가난한 사람은 가난하다는 것에 신경 쓰지 말아야 한다는 결론이 나온다. "쓸모없는 사치 같은, 지나가는 순간의 실재하지 않는 그림자"에 매달리는 일은 어리석다. "가난한 자들의 참된 기준은, 부유한 자들의 그것보다 훨씬 만족스러울지도 모른다." 굶주리는 사람에게 "유일한 궁극의 실재는, 우리가 신의 존재를 드러내는 영적이거나 인격적인 존재임"을 상기하는 것이 위로가 될 것이다.

이러한 이론에는 많은 의문이 생긴다. 그중 가장 명확한 것부터 다루어보자. 도대체 생물학을 물리학이나 화학으로, 혹

은 심리학을 물리학으로 환원할 수 없다는 것은 무슨 뜻일까?

생물학과 화학, 물리학의 관계에 대한 홀데인 교수의 견해는 오늘날 대부분의 전문가들에게 지지를 받지 못하고 있다. 최근의 것은 아니지만, 홀데인 교수의 견해와 반대되는 견해를 담은 것으로 자크 러브의 『기계론적 생명 개념』(1912년)을 찾을 수 있다. 이 책의 흥미 있는 몇몇 장에는 홀데인 교수가 기계론적 원리로는 분명히 설명할 수 없다고 생각한 생식 작용에 관한 실험 결과가 기술되어 있다. 그 기계론적 관점은 최신 『브리태니커 백과사전』에 실릴 만큼 거의 전면적으로 받아들여졌다. 그래서 에드윈 스티븐 굿리치는 '진화'라는 항목에서 다음과 같이 말했다.

"과학적 관찰자의 관점에서 보면, 살아 있는 유기체는 스스로 조절할 수 있고 잘못을 바로잡을 수 있는 물리화학적이며 복합적인 기제를 갖추고 있다. 이런 시각에서 볼 때 우리가 생명이라고 부르는 것은 단절이나 신비로운 외부 힘의 간섭 없이 연속적인 상호 의존의 연쇄를 형성해 나가는 물리화학적 과정의 총체다."

이 항목 안에서 물리학이나 화학으로 환원할 수 없는 과정이 생물 안에 있음을 암시하는 부분을 찾아내려는 시도는 헛일이다. 저자는 생물과 무생물 사이에는 분명한 경계선이 없다고 지적한다. "생물과 무생물 사이에는 엄격한 경계선을 그을 수 없다. 살아 있는 어떤 특별한 화학 물질도 없고, 죽은 물

질과 구별되는 다른 어떤 특별한 생명 요소도 없으며, 특별한 생명력도 찾아볼 수 없다. 이 과정의 모든 단계는 선행한 것에 의해서 결정되고, 후행하는 것을 결정한다." 생명의 기원에 대해서 그는 말한다. "훨씬 이전에, 여러 조건이 충족되었을 때 상대적으로 복잡한 여러 화합물이 형성되었다고 가정해야 한다. 이것들은 대부분 매우 불안정하며, 형성됨과 동시에 거의 붕괴되었을 것이다. 그 이외의 어떤 것은 안정되었더라도 간신히 존속할 뿐일지도 모른다. 또 다른 것들은 붕괴되자마자 재형성되거나 동화되는 경향이 있었을지도 모른다. 성장해가는 복합물 혹은 혼합물은 어느 궤도에 오르자마자 필연적으로 자신을 보존하려 했을 것이다. 그러다 자신보다 덜 복잡한 다른 것과 결합했을 수도 있고, 혹은 그것들을 먹고 살았을 것이다."

오늘날 이러한 견해는 홀데인 교수의 견해보다 생물학자들에게 널리 퍼진 생각이라고 보아도 무방할 것이다. 그들은 살아 있는 물질과 죽은 물질 사이에 뚜렷한 경계가 없다는 데 의견을 같이한다. 홀데인 교수는 우리가 죽은 물질이라고 부르는 것이 실제로는 살아 있다고 생각하는 반면, 생물학자들은 대부분 살아 있는 물질이 실제로는 물리화학적 메커니즘에 의한 것이라고 생각한다.

생리학과 심리학의 관계에 대한 문제는 더 어렵다. 거기에는 두 가지 다른 문제가 있다. 우리의 육체적 행동이 생리학

적 원인에만 기초한다고 생각할 수 있는가? 정신적 현상과 그와 동시에 일어나는 육체적 행동 사이의 관계는 어떤가? 일반적으로 관찰할 수 있는 것은 육체적 행동뿐이다. 우리 생각은 타인에 의해서 '추론'될 수 있을지 몰라도 우리 자신에 의해서는 '인식'될 수 있을 뿐이다. 적어도 이것이 상식적인 주장이다. 그러나 엄밀하게 이론적으로 말하면, 우리는 육체적 행동을 관찰할 수 없다. 그러한 행동이 우리에게 미치는 일정한 영향을 관찰할 수 있을 뿐이다. 다른 사람들이 관찰하는 것과 동시에 우리가 관찰하는 것이 비슷할지는 모르지만 항상 다소 차이가 존재할 것이다. 이러한 혹은 다른 이유로 물리학과 심리학의 간격은 이전만큼 크지는 않다. 물리학은 우리가 일정한 상황에서 보게 될 바를 예측하는 것이라고 보면 된다. 그러한 의미에서 물리학은 심리학의 한 갈래라고 볼 수도 있다. 본다는 행위는 '정신적인' 사건이기 때문이다. 이러한 관점은 경험적으로 검증할 수 있는 주장만 하고 싶다는 욕망에 따라, 물리학의 전면에 나타났다. 검증은 항상 한 인간에 의한 관찰이므로 심리학에서 다루는 사건이 된다는 사실이 보태졌다. 그러나 이 모든 것은 두 학문의 실행 분야에 관한 것이라기보다 철학에 속하는 내용이다. 이들이 다루는 주제 사이의 '관계 회복'에도 불구하고, 두 학문의 기법은 여전히 다른 상태다.

앞 단락의 첫머리에서 제기한 두 가지 문제로 돌아가보자. 앞 장에서 고찰했듯, 만약 우리가 하는 육체적 행동의 모든 원

인이 생리학적일 뿐이라면, 우리 마음은 인과적으로 중요하지 않은 것이 된다. 우리가 타인과 의사소통을 하거나 외부 세계에 영향을 줄 수 있는 것은 오직 육체적 행동에 의해서만 가능하며, 우리 생각은 우리 육체의 행동에 영향을 줄 수 있는 경우에만 중요하다. 그러나 정신적인 것과 육체적인 것 사이의 구별은 편의상의 구별에 지나지 않으며, 우리의 육체적 행동은 모두 물리학의 영역 안에 원인이 있을지 모르지만 정신적 사건들 역시 원인이 될 수 있다. 실제적인 문제는, 마음과 몸이라는 측면에서 기술되어서는 안 된다. 다음과 같이 기술할 수는 있겠다. 우리의 육체적 행동이 물리화학적 법칙으로 결정되는 것일까? 만약 그렇다면 인공적으로 만들어진 물질이라는 개념을 이용하지 않고 직접적으로 정신적 사상을 연구하는 심리학이라는 독립된 과학이 존재할 수 있는가?

이 두 질문 중 첫 번째 질문에 대해서는 긍정적인 대답을 할 수 있는 증거가 있지만, 그 어느 쪽 질문에도 자신 있게 답할 순 없다. 그 일정한 증거라는 것 역시 직접적인 것은 아니다. 우리는 목성의 운동을 계산하는 것처럼 인간의 움직임을 계산할 수 없기 때문이다. 인간의 육체와 생명의 가장 원초적인 형태 사이에 분명한 선을 그을 수는 없다. 여기에 물리학과 화학은 적절치 않다고 말하고 싶게 만드는 차이는 존재하지 않는다. 그리고 이미 고찰했듯, 살아 있는 물질과 죽은 물질 사이에도 분명한 경계가 없다. 따라서 물리학과 화학은 어디서나

최고의 자리를 차지하는 것이 확실해 보인다.

심리학이 하나의 독립된 과학으로 존재할 수 있는가에 대해서는 현재로선 할 말이 별로 없다. 정신분석학은 어느 정도 그런 과학을 만들어내려고 해왔다. 그러나 생리학적 인과관계를 피하는 한, 그 성공 여부에는 여전히 의문의 여지가 있다. 망설여지는 바가 없지는 않지만, 나는 현재의 물리학이나 심리학과는 다르지만 궁극적으로는 둘 다를 포괄하는 학문이 생길 것이라는 견해 쪽으로 기울고 있다. 물리학의 방법들은 오늘날에는 더 이상 존재하지 않는, '물질'이라는 형이상학적 실재에 대한 믿음의 영향 아래 발전했다. 그리하여 새로운 양자역학에는 잘못된 형이상학을 필요로 하지 않는 다른 방법이 있다. 심리학의 방법들은 어느 정도 '마음'이라는 형이상학적 실재에 대한 믿음의 영향 아래 발전했다. 물리학과 심리학 모두 이러한 끊임없는 오류에서 완전히 해방된다면, 마음이나 물질을 다루는 것이 아니라, '육체적' 혹은 '정신적'이라고 이름 붙이지 않는 사건을 다루는 과학으로 발전할 수도 있을 것이다. 그러기 전까지 심리학의 과학적 지위에 대한 물음은 계속 검토 대상으로 남아야 할 것이다.

홀데인 교수의 심리학에 관한 견해는 훨씬 분명한 내용들을 언급할 수 있는 좁은 의미의 문제를 제기한다. 그는 심리학의 특징적 개념은 '인격'이라고 주장했다. 그는 이 용어에 대한 정의를 내리지 않았지만, 우리는 이것이 마음의 구성 요소

들을 연결해 서로를 변화시키는 어떤 통합 원리를 의미한다고 생각해도 좋을 것이다. '인격'이라는 개념은 막연하다. 이것은 '영혼'이라는 단어가 아직도 받아들여진다면 영혼을 의미하겠지만, 순전한 개체가 아니라 전체적 특질이라는 점에서 영혼과는 구별된다. 영혼을 믿는 사람들은, 존 스미스의 마음속 모든 것이 존 스미스적인 특질이므로, 그와 아주 유사한 다른 어떤 것이 타인의 마음속에 존재하는 일은 불가능하다고 생각한다.

만약 당신이 존 스미스의 마음을 과학적으로 설명하고자 한다면, 당신은 모든 물질에 차별 없이 적용되는 일반 법칙으로 만족해서는 안 된다. 관련 사건들이 그 특정한 사람에게 일어나고 있으며, 해당 사건이 지금 현 상태인 이유는 그 사람의 전 생애와 성격 때문이라는 점을 상기해야 한다.

이러한 견해는 매력적이지만, 그것을 참으로 간주할 이유를 찾기는 어렵다. 두 사람은 같은 상황에 처하더라도 지나온 과거사가 다르므로 다른 반응을 보일 게 분명하다. 이런 관계는 자성을 띤 쇳조각과 자성을 띠지 않은 쇳조각의 경우에도 마찬가지다. 기억은 뇌에 각인되어 신체 구조의 차이를 통해 행동에 영향을 준다고 우리는 추정한다. 성격에 대해서도 비슷한 생각을 해볼 수 있다. 만약 어떤 사람은 화를 잘 내고 다른 사람은 냉정하다면, 양자의 차이가 일반적으로 내분비선에 기인한다고 말할 수 있으며, 많은 경우 적절한 약을 사용하면 차

이를 줄일 수 있다. 인격은 신비한 것이며 더 이상 축소될 수 없다는 믿음은 아무런 과학적 근거가 없다. 그런데 이런 믿음을 받아들이는 이유는 주로 인간의 자존심을 만족시키기 때문이다.

다시 앞에서 서술한 두 진술을 살펴보자. “심리학적 해석에 따르면, 현재는 단지 흘러가는 순간에 불과한 것이 아니다. 그것은 자기 안에 과거와 미래 모두를 담고 있다.” 그리고 “공간과 시간은 인격과 분리되지 않는다. 그것들은 인격 안에서 하나의 질서를 표현한다.” 과거와 미래에 관해서 홀데인 교수는, 우리가 막 번개 치는 것을 보고 천둥소리가 나기를 기대할 때와 같은 상태를 염두에 두고 말한 것 같다. 과거의 일인 번개와 미래의 일인 천둥 모두가 우리의 현재 정신 상태 속에 파고든다고 말할 수 있을지 모르겠다. 그러나 이것은 우리를 오도하는 잘못된 은유다. 번개를 기억하는 것은 번개 그 자체가 아니고, 천둥을 기대하는 것이 곧 천둥은 아니다. 나는 단지 기억과 기대가 물리적 효과를 미치지 못한다는 말을 하려는 게 아니다. 그보다는 주관적 경험의 실제 성질에 대해 말하려는 것이다. 보는 것과 기억하는 것은 별개의 것이며, 듣는 것과 기대하는 것도 별개의 것이다. 과거와 미래에 대한 현재의 관계는 다른 분야에서처럼 심리학에서도 상호 침투의 관계가 아니라 인과관계다.(인과관계라 해도 물론 내 기대가 천둥을 일으킨다는 뜻은 아니다. 천둥이 뒤따르는 번개라는 과거의 경험들이 현재의 번개를 보며

천둥을 기대하게 만드는 것이다.) 기억은 과거의 존재를 연장해주지 않는다. 다만 과거가 영향을 주는 하나의 방법에 지나지 않는다.

공간에 관해서도, 문제는 비슷하지만 좀 더 복잡하다. 두 종류의 공간이 존재한다. 어떤 사람의 사적 경험이 자리하는 공간, 그리고 우리의 사적인 감각이 반영되어 기억되는 것이 아니라 그 자체로 존재한다고 추정되는, 타인의 신체, 의자와 테이블, 태양과 달과 별 등이 포함된 물리학의 공간이다. 두 번째 공간은 가설적인 것으로, 세계는 오직 자신의 경험들만을 담고 있다고 생각하기를 좋아하는 사람이라면 논리적으로 완벽하게 부정할 수 있다. 홀데인 교수는 이런 주장을 하지 않았고, 따라서 자신의 경험이 아닌 것들을 포함하고 있는 공간을 인정한 것이 틀림없다. 주관적 공간에는 나의 모든 시각적 경험을 포함한 시각적 공간이 있고 또 촉각적 공간이 있다. 윌리엄 제임스가 지적한 바와 같이, 위통胃痛의 영역 등도 있다. 사물의 세계에서 내가 하나의 사물로 여겨질 때, 모든 형태의 주관적인 공간이 내 안에 존재한다. 내가 보고 있는 별빛은 천문학상 멀리 있는 별이 많은 하늘이 아니라, 별들이 나에게 미치는 영향이다. 내가 보는 것은 내 안에 존재하지 밖에 존재하지 않는다. 천문학의 별들은 내 밖의 물리적 공간에 존재한다. 내가 그것에 도달하는 것은 단지 추론에 의해서일 뿐, 나 자신의 경험에 대한 분석에 의해서가 아니다. 공간은 인격 안에 있는

하나의 질서를 나타낸다는 홀데인 교수의 진술은 내 사적인 공간에 대해서는 참이지만, 물리적 공간에 대해서는 참이 아니다. 공간과 인격은 분리되지 않는다는 그의 진술은 물리적 공간 또한 우리 안에 있어야만 옳다. 이런 혼동이 드러나면 그의 입장은 그럴듯함을 잃고 만다.

헤겔을 따르는 사람들이 다 그렇듯, 홀데인 교수는 그 무엇도 다른 것들로부터 실제로는 분리되어 있지 않음을 보여주기를 간절히 바랐다. 우리가 그의 논증을 받아들일 수 있다면, 그는 각자의 과거와 미래는 그 사람의 현재와 공존하며, 우리 모두가 사는 공간 또한 우리 각자의 안에 있다고 주장하기도 했다. 그러나 "인격은 서로 배제하지 않는다"는 걸 증명하기 위해 그는 한 걸음 더 나아가야 했다. 한 사람의 인격은 그의 이상에 따라 구성되는데, 우리의 이상은 대체로 비슷하다. 그의 말을 다시 인용하자. "진리, 정의, 박애, 아름다움이라는 살아 있는 이상이 항상 우리에게 존재하며 … 더 나아가 그런 이상은 서로 다른 다양한 측면을 가졌지만 그럼에도 하나의 이상이다. … 신의 계시는 이러한 공통적 이상과 그 결과 생겨나는 타인과의 우애에서 나온다."

솔직히 고백하지만, 나는 이 진술을 도무지 이해할 수 없다. 도대체 무엇부터 거론해야 할지도 모르겠다. "진리, 정의, 박애, 아름다움이라는 살아 있는 이상"이 '항상' '그'에게 있다고 한 홀데인 교수의 말을 나는 의심하지 않는다. 그가 그렇게 주

장했으니, 분명 그럴 것이다. 그러나 이런 놀라운 미덕을 인류 전체에 부여하는 문제라면, 나도 그와 동등하게 내 의견을 말할 권리가 있다고 느낀다. 내 생각엔 허위, 부정, 무자비함, 추악함이 실제로 존재하는 것을 넘어 하나의 이상으로도 추구되고 있다. 정말 히틀러와 아인슈타인이 "비록 다른 면을 가지고 있지만 하나의 이상"을 추구했다고 생각하는 것일까? 내가 보기엔 이런 진술에 대해 두 사람 모두에게 명예훼손죄로 고소당할 법하다. 물론 한쪽은 악인이고, 그는 마음속으로 믿는 이상을 실제로 추구하지는 않았다고 말할 수 있다. 그러나 이것은 너무나도 안이한 해결책이라고 나는 생각한다. 히틀러의 이상은 주로 니체에게서 나왔는데, 니체는 자신의 이상을 추구하는 데 철저히 진심이었다. 이 쟁점이 헤겔의 변증법이 아닌 다른 방법으로 해결되기 전까지는, 우리가 '그' 이상이 깃든 신이 여호와인지 보탄(북유럽 신화의 오딘에 해당하는 게르만 신화의 신 – 옮긴이)인지 어떻게 알 수 있는지 모르겠다.

신의 영원한 축복이 가난한 자들을 위로할 거라는 견해는 항상 부유한 자들의 주장이었다. 정작 가난한 사람들은 그런 견해에 넌더리를 냈다. 신의 이상을 경제적 부정의를 옹호하는 데 이용하는 듯한 인상을 주는 것은 그다지 현명한 일이 아니다.

우주의 목적에 관한 범신론적 교리는 유신론적 교리와 마찬가지로, 약간 다른 형태이긴 하지만 시간적 진화의 필연성을

설명하는 어려움에 시달리고 있다. 실제로 모든 범신론자가 믿는 것처럼, 만약 시간이 궁극적으로 실재하지 않는다고 본다면, 세계 역사에서 최선의 일이 어째서 먼저 오지 않고 나중에 오는 것일까? 반대의 순서 역시 마찬가지 결과를 낳지 않았을까? 만약 모든 사건에 발생한 날짜가 있다는 관념이 환상이고 신은 그 관념에서 자유롭다면, 신은 왜 시작에 불쾌한 사건을 두고 끝마무리에 유쾌한 사건을 두기로 선택했을까? 나는 이 의문에 대답할 수 없다고 보는 잉 사제의 생각에 동의한다.

내가 다음에 고찰할 '창발적' 교리는 이러한 어려움을 피해 시간의 실재성을 강하게 지지한다. 그러나 이것이 적어도 다른 어려움을 초래한다는 점을 알게 될 것이다.

내가 지금까지 인용해온 BBC 방송 강연 책에서 '창발적' 견해를 표명한 사람은 알렉산더 교수가 유일하다. 그는 죽은 물질, 살아 있는 물질, 마음이 연속적으로 나타났다는 말로 논의를 시작한다. 그리고 다음 같은 주장을 이어간다.

"이러한 성장은 로이드 모건이 관념과 용어를 도입 또는 재도입한 이래, 출현이라고 불리는 것 중 하나다. 생명은 물질로부터, 마음은 생명으로부터 출현한다. 살아 있는 존재는 물질적 존재이지만, 생명이라는 새로운 성질을 나타내도록 만들어진 것이다. … 생명에서 마음으로의 이행에 대해서도 똑같이 말할 수 있다. '마음을 가진' 존재는 살아 있는 존재이지만, 그것은 어떤 부분, 특히 신경계가 섬세하게 조직되어 마음을, 또

는 이 단어를 쓰고 싶다면 의식을 가질 정도로 복잡하게 발전된 존재다."

그는 이어 이런 과정이 마음으로 끝날 이유가 없다고 지적한다. 오히려 "마음을 초월한 특성의 존재를 시사하며, 그것은 마음과 생명 혹은 생명과 물질의 관계처럼 마음에 관련되어 있다. 나는 그 특성을 신성이라고 부르며, 그것을 소유한 존재를 신이라고 부른다. 따라서 모든 것들이 이 특성의 '출현'을 예고한다고 생각하며, 더 넓은 관점에서 과학 자체에 신성이 필요하다고 말한 이유이기도 하다." 그는 또한 세계가 "신성을 추구하거나 그런 경향이 있다"고 말한다. 그러나 "신성은 현 단계의 세계에서는 아직 그 특성을 현저하게 나타내고 있지 않다"고 말한다. 그는 자신에게 신은 "역사상의 종교에서와 같은 창조주가 아니라 창조된 것"이라고 덧붙인다.

알렉산더 교수의 견해와 베르그송의 '창조적 진화' 사이에는 밀접한 유사성이 있다. 베르그송은 결정론은 잘못된 것이라고 주장한다. 진화 과정에서 예측하는 건 물론 상상조차 불가능했던 전혀 새로운 것들이 나타나기 때문이다. 세계 속에는 모든 것을 진화하게 하는 무언가 신비한 힘이 존재한다. 예를 들면 앞을 볼 수 없는 동물에게는 모종의 신비로운 시각적 예감이 있으며, 이로 인해 눈이 점점 발달하는 쪽으로 이끌린다. 매순간 뭔가 새로운 것이 출현하지만 과거는 결코 사멸하지 않고 기억 속에 보존된다. 망각은 겉으로만 그렇게 보일

뿐이다. 따라서 세계는 내용 면에서 지속적으로 풍부해지는 쪽으로 성장하고, 머지않아 아주 훌륭한 곳이 될 것이다. 중요한 것 중 하나는 과거를 되돌아보는 데만 집착해 변화하려 들지 않는 지성적 태도를 피해야 한다는 점이다. 우리가 사용해야 할 것은 직관이고, 그것에는 창조적인 새로움을 향한 충동이 포함되어 있다.

라마르크를 연상케 하는 잘못된 생물학의 우연적 단편을 넘어서서 이 모든 것을 믿게 하는 이유가 주어질 것이라고 생각해서는 안 된다. 베르그송은 시인으로 볼 만하다. 그는 자신의 원칙에 근거해 단순히 지성에만 호소하는 것을 피했다.

나는 알렉산더 교수가 베르그송의 철학을 전적으로 수용했다고 생각하지는 않지만, 각자 독립적으로 발전시켰다고 해도 그들의 견해에는 분명 유사점이 있다. 어쨌든 그들의 이론은 모두 시간을 강조하며, 진화 과정에서 어떤 예측 불가능한 새로운 것들이 출현한다고 믿는다는 점에서 일치한다.

창발적 진화의 철학이 만족스럽지 못하게 된 데에는 여러 이유가 있다. 그중 가장 주요한 이유는 결정론으로부터 탈피하기 위해 예측 불가능한 것으로 만들었으면서도 이 이론의 지지자들은 장차 신이 존재하게 될 것을 예언했다는 점이다. 베르그송의 예를 빌리면, 그들은 본다는 것이 무엇인지 모르면서도 보기를 원하는 조개류와 똑같은 처지에 있다. 알렉산더 교수는 우리가 모종의 경험에서 희미하게나마 '신성'을 깨

닫는다고 주장하면서 이를 '신비롭다'고 명명한다. 그런 경험을 특징짓는 감정은 "우리를 두렵게 하거나 혹은 무력한 마음을 격려해주는 신비감인데, 어쨌든 그것은 감각이나 숙고를 통해 알 수 있는 것 이상의 무엇"이라고 그는 말한다. 그는 이러한 감정에 중요성을 부여하는 이유를 제시하지 않았고, 자기 이론의 당연한 귀결로서 정신적 발전이 그런 감정을 인생의 더 중요한 요소로 삼는다고 추정하는 이유도 역시 제시하지 않았다. 인류학자의 연구 결과로부터는 그 정반대의 주장을 추론할 수 있다. 우호적이든 적대적이든 비인간적인 힘에 대한 신비감은 문명인보다는 미개인의 삶에서 훨씬 더 큰 역할을 한다. 사실, 만약 종교가 이러한 감정과 동일시될 수 있다면, 지금까지 인류 발전에서 이뤄진 모든 행보는 종교의 감퇴를 수반해온 셈이다. 이는 창발적 신성을 옹호하는 진화론적 논증에는 별로 적합하지 않다.

아무튼 이 논의는 매우 빈약하다. 진화에는 물질, 생명, 마음 세 단계가 있다고 주장하는데, 우리는 세계가 진화를 완료했다고 가정할 이유가 전혀 없다. 훗날 언젠가 네 번째, 다섯 번째, 여섯 번째 등의 단계가 이어질 거라고 가정할 수도 있다. 그러나 아니다. 진화는 네 번째 단계에서 완성되어야 한다. 물질은 생명을 예견할 수 없고 생명은 마음을 예견할 수 없지만, 마음은 희미하게나마, 특히 그것이 파푸아 사람이나 부시맨의 마음이라면 다음 단계를 예견할 수 있다. 물론 이것은 모두 어

림짐작에 불과하다. 사실일 수도 있지만, 그렇게 가정할 합리적 근거는 전혀 없다. 출현의 철학이 미래를 예측할 수 없다는 지적은 전적으로 옳다. 하지만 그렇게 말한 뒤 곧바로 출현의 철학은 미래를 예측해 나아간다. 사람들은 '신'이라는 말이 지금까지 뜻한 관념을 포기하는 것보다 그 단어 자체를 포기하는 것을 더 꺼린다. 신이 세계를 창조한 것이 아니라는 데 설득된 창발적 진화론자들은 세계가 신을 창조하고 있다고 말하는 데 만족한다. 그러나 명칭이 어떠하든, 그러한 신은 전통적 숭배 대상으로서의 신과는 거의 공통점이 없다.

우주적 목적 일반에 대해서는 그 어떠한 형태의 것이든 두 가지 비판이 존재한다. 첫째, 우주적 목적을 믿는 사람은 세계가 지금까지와 같은 방향으로 계속 진화할 것이라고 생각한다. 둘째, 그들은 이미 일어난 일은 우주의 선한 의도가 표현된 것이라고 주장한다. 이들 두 명제는 모두 의문의 여지가 있다.

진화의 방향에 대한 논거는 주로 생명이 시작된 이래 이 지구상에서 일어난 일들에서 도출된다. 지구는 우주의 아주 작은 구석에 불과하다. 지구가 나머지 우주의 전형이라고 가정할 이유는 전혀 없다. 제임스 진스 경은 오늘날 지구 이외의 다른 어딘가에 생물이 존재하는지는 매우 의심스럽다고 생각한다. 코페르니쿠스 혁명 이전에는 신의 목적이 특히 지구와 관계있다는 가정이 자연스러웠다. 그러나 이는 이제 그럴듯하

지 않은 가설이 되어버렸다. 만약 우주의 목적이 마음의 진화에 있다면, 이토록 오랜 시간 동안 고작 이 정도밖에 못 이루어 냈다는 점에서 우리는 우주가 불완전하다고 볼 수밖에 없다. 물론 나중에 어디에선가 좀 더 나아진 마음이 생겨나리라 생각하는 게 '가능'은 하겠지만, 이와 관련한 한 줌의 과학적 증거도 우리에겐 없다. 생명이 우연히 생겨난다는 것은 이상하게 여겨질지도 모르지만, 이렇게 광활한 우주에서는 우연한 일도 생기게 마련이다.

따라서 우주의 목적이 특히 우리의 작은 행성과 관련 있다는 기묘한 견해를 받아들이더라도, 우주가 의도하는 바가 신학자들이 말하는 바로 그것인지 의심할 만한 이유는 여전히 존재한다. 지구는 (모든 생명체를 죽일 만큼 충분한 독가스를 쓰지 않는 한) 당분간 생명체가 거주할 수 있는 곳으로 남을 테지만, 이런 상황이 영원하지는 않을 것이다. 아마도 우리 주변의 대기는 점점 우주 공간으로 날아갈 것이다. 조석 작용은 지구가 태양의 같은 면만 향하게 하는데, 그 결과 한쪽 반구는 너무 더워지고 다른 쪽 반구는 너무 추워질 것이다. 아마도 (홀데인 교수의 교훈적인 이야기에서처럼) 달은 지구로 굴러떨어질지도 모른다. 이러한 일이 먼저 일어나지 않더라도, 어쨌든 태양이 폭발해서 차가운 백색왜성이 되면 모든 것이 파괴되고 말 것이다. 제임스 진스 경의 말에 따르면 정확한 날짜는 아직 불확실하지만 약 1조 년 후에는 그렇게 될 것이다.

1조 년 후면 종말을 준비할 시간이 충분하고, 그 사이에 천문학도 로켓 발사 기술도 모두 상당히 진보할 것이라며 낙관할 수도 있다. 천문학자들이 거주 가능한 행성을 동반한 다른 별을 발견할 수 있을지도 모르고, 로켓 발사 기술자들이 빛에 가까운 속도로 우리가 그 별에 가도록 로켓을 쏘아 올릴 수 있을지도 모른다. 그럴 경우 승객들이 모두 젊다면 나이 들어 죽기 전에 그 별에 도달하는 사람도 있을 것이다. 불안한 희망이지만, 최선을 다해야 할 일이다.

하지만 가장 완벽한 과학기술로 우주를 항해할 수 있게 되더라도, 그것이 영원한 생명을 가능하게 해주지는 않는다. 열역학 제2법칙에 따르면, 전체적으로 보면 에너지는 항상 더 집중된 형태에서 덜 집중된 형태로 이행하며, 결국에는 그 이상의 변화가 불가능한 형태로 모든 것을 이행시킨다. 생명은 비록 그 이전까지는 계속될지 몰라도 그런 사태가 벌어지면 사멸할 수밖에 없다. 다시 한 번 제임스 진스 경의 말을 인용하자면, "인간과 마찬가지로 우주에도 오직 가능한 삶은 무덤을 향해 나아감뿐이다." 그는 이 말에서 우리의 주제에 대한 매우 적절한 생각을 이끌어낸다.

"세계의 다원성을 믿은 조르다노 브루노가 순교한 뒤 300년이 흐르는 동안, 우주에 관한 우리의 사고방식은 필설로 다 담기 어려울 정도로 변화했다. 하지만 우주와 생명의 관계에 대한 이해는 눈에 띌 정도로 발전하지 못했다. 우리는 아직 어

느 모로 보나 매우 희귀한 이생의 의미를 단지 추측할 수 있을 뿐이다. 이생은 창조 전체가 향해 가는 최종 정점일까? 수조 년 동안 생물이 살지 않은 항성이나 성운에서 물질의 변화가 이루어지고, 그렇게 불모의 우주에서 쓸데없는 에너지 방출이 이루어진 것은 오직 이생을 위한 믿기 어려울 정도로 사치스러운 준비 과정이었던 걸까? 혹은 더 위대한 목적을 품은 자연 과정 가운데 생겨난, 아마도 전혀 중요하지 않은 부산물일 뿐일까? 아니면 겸손한 마음으로 우리는 이것이 고온의 젊고 활력 있는 물질이라면 그것으로 당장 생명을 파괴할 수 있는 고주파 복사열 발생 능력을 상실한 늙은 물질에 영향을 미치는 병의 속성을 지닌 무언가로 간주해야 할까? 혹은 겸손함을 내팽개치고 이생만이 유일한 실재이며, 이것은 창조된 것이 아니라 항성이나 성운 집단이나 거의 상상할 수 없을 만큼 긴 천문학적 시간의 앞날을 창조하는 주체라고 감히 생각해야 할까?"

나는 위와 같은 견해가 오늘날 과학이 제시하는 타당하고 편견 없는 대안을 진술하는 것이라고 생각한다. 마음이 유일한 실재이며 천문학의 공간과 시간을 창조한다는 마지막 가능성에 대해서는 논리적인 면에서 할 말이 많다. 하지만 우울한 결론에서 벗어나보겠다는 희망으로 이런 견해를 채택하는 사람들은 그런 생각이 수반하는 내용을 전혀 이해하지 못하고 있다. 내가 직접 인식하는 것은 모두 내 '마음'의 일부일 뿐이

며, 내가 다른 것의 존재에 도달하기 위해 제시하는 추론은 결코 결정적이지 않다. 따라서 내 마음 이외의 어떤 것도 존재하지 않을 수 있다. 그럴 경우 내가 죽으면 우주도 사라진다. 그러나 만약 내가 내 것 이외의 마음을 인정하려면, 나는 천문학적 우주 모두를 인정해야 한다. 왜냐하면 두 경우 모두 증거가 강력하기 때문이다. 따라서 제임스 진스 경의 마지막 대안은 육체는 아닐지라도 다른 사람의 마음은 존재한다는 손쉬운 이론이 아니다. 그것은 내가 나 자신의 풍부한 상상력으로 인류, 지구의 지질 연대, 태양, 항성, 은하를 만들어내며, 텅 빈 우주에 혼자 존재한다는 이론이다. 내가 아는 한 이 논리에 반대할 타당한 논리는 존재하지 않는다. 그러나 마음이 유일한 실재라는 다른 형태의 주장에 반대하는 근거로는, 타인의 마음에 대한 우리의 증거는 그들의 육체에 대한 우리의 증거로부터 추론할 수 있다는 사실을 들 수 있다. 따라서 다른 사람들에게 마음이 있다면, 육체도 있다. 자기 자신은 육체에서 분리된 마음으로 존재할 수 있을지 모르지만, 그것은 자기 자신만이 존재하는 경우에 한한다.

이제 우주적 목적에 관한 논의에서 마지막 질문에 도달했다. 지금까지 일어난 일은 우주가 선의를 품고 있다는 증거일까? 지금까지 살펴본 바와 같이 그렇다고 믿는 사람들은 우주가 '우리'를 만들었다는 근거를 제시한다. 나는 그것을 부정할 수 없다. 그러나 그토록 긴 서막을 정당화할 수 있을 만큼

우리가 그렇게 멋진 존재인가? 철학자들은 가치를 강조한다. 우리는 어떤 것들을 선하다고 생각하며, 그것들이 선하기 때문에 그것들을 그렇게 생각하는 우리는 매우 선한 존재임이 틀림없다고 말한다. 그러나 이것은 순환논법이다. 우리와 가치관이 다른 어떤 존재는 우리를 사탄의 사주를 받았다는 증거로 삼아도 될 정도로 극악무도한 존재라고 생각할지도 모른다. 자기 앞에 거울을 들고 서서 우주의 목적이 그 거울에 비치는 존재를 목표로 줄곧 진행되어왔을 만큼 자기들이 훌륭하다고 생각하는 인간들의 모습처럼 하찮고 우스꽝스러운 광경이 또 있을까? 어찌 됐든 왜 이토록 인간을 찬미하는 것일까? 사자나 호랑이는? 그들은 동물이나 인간의 목숨을 우리보다 많이 앗아가지 않으며, 인간보다 훨씬 아름답다. 그렇다면 개미들은? 그들은 그 어떤 파시스트보다 훌륭한 협동조합 국가를 운영하고 있다. 나이팅게일, 종달새, 사슴의 세계가 잔인함과 부정과 전쟁으로 얼룩진 우리 인간들의 세계보다 더 나은 건 아닐까? 우주적 목적을 믿는 사람들은 우리에게 있다는 지성을 중시하지만, 정작 그들이 쓴 책들을 보노라면 그것을 의심하게 된다. 전능한 힘과 그것을 실험할 수 있는 수백만 년의 시간을 허락받는다면, 나는 내 모든 노력의 최종 결과물로서 인간을 그렇게 큰 자랑거리로 여기지는 않을 것 같다.

인간이 오지에서 벌어진 기이한 사건의 결과로 출현했다는 설명은 이해 가능한 말이다. 인간에게 혼재한 미덕과 악덕은

이런 우연의 결과로 볼 수 있다. 그러나 최악의 자기도취에 빠진 게 아니라면, 어떻게 전지한 존재가 인간을 창조주의 동기로서 적합하다고 여겼을 이유를 확신할 수 있는가? 인간이 우주적 목적을 보여주는 충분한 증거라고 생각하는 사람들에게서 볼 수 있는 것보다 더 큰 겸허함을 인간에게 가르치고 난 후에야 코페르니쿠스 혁명의 과업은 비로소 완수될 것이다.

9 — 과학의 의미, 과학의 한계

과학과 윤리학

과학이 '가치'에 대해 아무 말도 할 수 없다는 지적을 인정한다. 그러나 윤리학에 과학이 입증하거나 반증할 수 없는 진리가 포함되어 있다는 추론에는 동의하지 않는다.

앞의 두 장에서 보았듯이 과학이 불충분하다고 주장하는 사람들은 과학이 '가치'에 대해서는 그 어떤 것도 주장할 수 없다는 사실에 호소한다. 나도 이 점은 인정한다. 그러나 윤리학에는 과학이 입증하거나 반증할 수 없는 어떤 진리들이 포함되어 있다는 추론에는 동의하지 않는다. 이는 명확하게 생각하기가 결코 쉽지 않은 문제이고, 나 자신의 견해 역시 30년 전과는 많이 달라졌다. 그러나 우주적 목적을 지지하는 논의들을 평가하려면, 이 문제를 반드시 명확히 해둘 필요가 있다. 윤리학에 대해서는 일치된 의견이 없으므로, 아래의 내용은 내 개인적인 믿음이지 과학의 공식적 의견이 아니라는 점을 밝혀 둔다.

전통적으로 볼 때, 윤리학 연구는 두 부분으로 나뉜다. 하나는 도덕률에 관한 내용이고, 또 하나는 그 자체로 선한 것은 무엇인가 하는 내용이다. 행동 규칙은 대부분 의식儀式에 기원을 두며, 미개인이나 원시인의 삶에서 중요한 역할을 했다. 족장의 접시에 있는 음식을 먹거나 어미 젖을 빠는 새끼 염소를 죽이는 일은 금지되었다. 신들에게 제물을 바쳐야 한다는 명령도 있는데, 어떤 발전 단계에서는 인간을 가장 좋은 제물로 여기기도 했다. 살인이나 절도를 금지하는 것 같은 기타 도덕률은 더 명백한 사회적 효용을 지닌다. 이런 규칙들은 애초 연관되어 있던 원시적 신학 체계가 쇠퇴한 후에도 살아남았다. 그러나 사람들이 점점 더 성찰적이 되어감에 따라 규칙보다는

마음의 상태를 강조하는 경향이 생겨났다. 이것은 두 근원, 즉 철학과 신비 종교에서 유래했다. 우리는 예언서나 복음서 구절에 익숙해져 있는데, 그것들은 율법을 엄격하게 지키는 일보다 마음을 순수하게 갖는 것을 더 높이 산다. 그리하여 사랑과 자비 같은 사도 바울로의 유명한 원칙을 가르친다. 그리스도교인이든 비그리스도교인이든 모든 위대한 신비주의자가 같은 모습을 보인다. 그들은 마음의 상태에 가치를 두고, 거기서부터 올바른 행동이 나와야 한다고 주장한다. 그들에게 규칙은 외적인 것이며, 상황에 따라 적절하지 못하게 적용할 수도 있다.

외면적 행동 규칙에 의존하지 않는 방법 중 하나는 '양심'을 믿는 것이다. 이는 특히 개신교에서 중요하게 생각했다. 그들은 하나님이 인간 개개의 마음에 무엇이 옳고 그른지를 계시하시니, 죄를 피하려면 내면의 목소리만 들으면 된다고 주장했다. 그러나 이 이론에는 두 가지 문제가 있다. 첫째, 그 양심이 사람에 따라 달리 말한다는 점이다. 둘째, 무의식 연구가 알려주었듯, 양심적 감정은 사실 세속적 원인에서 비롯된다는 점이다.

양심이 하는 다양한 말을 들어보기로 하자. 조지 3세의 양심은 가톨릭 해방을 허용하면 안 된다고 말했다. 그건 대관식 맹세에서 위증을 범하는 일이 된다. 그러나 이후의 군주들은 그런 양심의 가책을 느끼지 않았다. 양심 때문에 어떤 이들은 공

산주의자가 옹호하는 가난한 자들이 부유한 자들을 약탈하는 행위를 비난하고, 어떤 이들은 자본가가 실행하는 부유한 자들이 가난한 자들을 착취하는 행위를 비난했다. 양심은 누구에겐 침략 당한 조국을 지켜야 한다고 말하고, 또 누구에겐 이유를 막론하고 전쟁에 참여하는 사람은 모두 사악하다고 말한다. 제1차 세계대전 중 정부 관계자들은 윤리학을 공부한 사람이 거의 없었는데도, 양심이 굉장히 복잡한 문제임을 깨달았고, 몇몇 기이한 결론에 도달했다. 어떤 사람은 자신이 직접 전투에 참여해 싸우는 일에는 양심의 가책을 느끼지만, 다른 사람을 전투에 끌어들이는 징집에 대해서는 그렇지 않다고 했다. 또한 양심에 따라 모든 전쟁을 비난할 수는 있지만, 진행 중인 전쟁에 대해서는 그런 극단적 입장을 보일 수 없다고도 주장했다. 어떤 이유로든 싸우는 건 옳지 않다고 생각하는 사람들은, 다소 원시적이고 비과학적인 '양심'이라는 개념으로 자신의 입장을 설명할 수밖에 없었다.

양심이 이토록 다양하게 나타나는 이유는 그것의 기원을 알면 납득이 된다. 어린 시절 우리에겐 어떤 종류의 행동은 허용되었지만 또 다른 종류의 행동은 금지되었다. 그리고 통상적인 연상 작용을 거쳐 유쾌함과 불쾌함이라는 감정이 각각의 행동에 따른 허용과 금지라는 결과뿐 아니라 이 행동들 자체와도 결합됐다. 시간이 지나면서 어린 시절의 도덕적 훈련 과정은 모두 잊어버릴 수도 있지만, 어떤 행동에 대한 유쾌하거

나 불쾌한 감정은 여전히 남는다. 내관內觀으로 본 이런 감정들은 신비롭다. 왜냐하면 우리는 최초에 그런 감정을 가져온 상황은 기억하지 못하기 때문이다. 따라서 그런 감정이 생겨난 원인을 마음속 신의 목소리라고 생각하게 되는 건 자연스러운 일이다. 그러나 사실 양심은 교육의 산물이다. 양심이 허락하느냐 허락하지 않느냐 하는 판단은 대부분 사람들에게 교육에 따른 훈련의 결과일 수 있다. 따라서 윤리학을 외면적 도덕 규칙으로부터 해방시키고 싶다는 바람은 이해하지만, '양심'이라는 개념을 수단으로 충분히 가능할 것 같진 않다.

철학자들은 서로 다른 경로를 통해 행동의 도덕 규칙들이 종속적으로 존재하는 서로 다른 입장에 도달했다. 그들은 '선'이라는 개념의 틀을 짰는데, (대략적으로 말해서) 그 개념이 의미하는 바는 그 자체로, 그리고 그것의 결과와 관계없이 우리가 존재함을 보고 싶어 하는 무엇이다. 만약 유신론자들이라면 신을 기쁘게 하는 그 무엇일 것이다. 대부분의 사람은 행복이 불행보다, 친절이 불친절보다 더 낫다는 데 동의할 것이다. 이 견해에 따르면 도덕률은 그 자체로 선한 것의 존재를 고취하는 경우는 정당화되지만, 그렇지 않은 경우는 정당화되지 않는다. 살인을 금지하는 것은 결과적으로 볼 때 대부분 정당화될 수 있지만, 남편을 화장하는 장작더미에 미망인을 함께 태워 죽이는 악습은 정당화될 수 없다. 따라서 전자의 규칙은 유지되어야 하지만 후자는 경우는 아니다.

최선의 도덕률에도 '어느 정도' 예외는 있다. 왜냐하면 '항상' 나쁜 결과만 가져오는 행동은 없기 때문이다. 어떤 행동이 윤리적으로 권장되는 데는 다음 세 가지 경우가 있다. 첫째, 그것이 일반적으로 받아들여지는 도덕률에 일치하는가? 둘째, 그것은 진심으로 좋은 결과를 의도한 행위인가? 셋째, 그것은 실제로 좋은 결과를 초래했는가? 다만 세 번째 경우는 대체로 도덕적으로 인정받지 못한다. 정통 신학에 따르면 유다의 배신 행위는 좋은 결과를 가져왔다. 그리스도의 속죄를 위해서 필요했기 때문이다. 그렇다고 해서 칭찬 받을 만한 행동이었다고 할 수는 없다.

많은 철학자들이 다양한 '선'의 개념을 형성해왔다. 선이 신에 대한 앎과 사랑으로 구성된다고 생각하는 이들도 있고, 보편적 사랑으로 구성된다고 보는 이들도 있다. 그리고 아름다움의 향유나 쾌락으로 구성된다고 보는 이들도 있다. '선'이 일단 정의되면 윤리학의 나머지 부분들은 곧이어 따라 나온다. 즉 우리는 최대한 선을 많이 만들고 가능한 한 그에 관계된 악을 적게 낳을 수 있다고 믿는 방식으로 행동해야 한다. 궁극적인 선이 무엇인지 알려져 있다는 가정 아래, 도덕률의 골조를 만드는 것은 과학의 일이다. 예를 들어 사형을 절도죄에도 적용해야 하는가, 살인에 대해서만 적용해야 하는가, 아니면 폐지해야 하는가 등의 문제다. 쾌락이 '선'이라고 생각한 제러미 벤담은 어떤 형법이 쾌락을 최대로 고취할 수 있는지

규명하는 데 전념했고, 그 결과 형법이 당시에 행해지던 것보다 훨씬 덜 엄격해져야 한다는 결론을 내렸다. 이 모든 것은 쾌락이 '선'이라는 명제를 제외하고는 과학의 영역에 속한다.

하지만 우리가 이것 혹은 저것이 '선'이라고 말할 때 무엇을 의미하는지 명확히 하려는 경우, 우리는 아주 큰 어려움에 부딪친다. 쾌락이 선이라는 벤담의 신조는 극렬한 반발을 불러일으켰고 돼지의 철학이라는 말까지 들었다. 벤담뿐만 아니라 그의 적들도 논의를 전혀 진전시키지 못했다. 과학적 문제라면 양쪽 모두가 증거를 내놓을 수 있고, 그 결과 한쪽의 주장이 더 좋다고 판정할 수 있다. 아니면 문제가 미해결인 채로 남기도 한다. 그러나 궁극적인 선이 이것인지 저것인지 같은 문제에는 어느 쪽에게도 어떤 식으로든 증거가 없다. 각 편은 자신의 감정에 호소할 수밖에 없고, 상대편에게 비슷한 감정을 일으키는 수사학적 방법을 동원할 수밖에 없다.

현실 정치에서 중요하게 부각된 문제를 예로 들어보자. 벤담은 양이 같다면 한 사람의 쾌락은 다른 사람의 쾌락과 똑같이 윤리적으로 중요하다고 생각했다. 그리고 그것을 근거로 민주주의 제도를 옹호했다. 그에 반해 니체는 오직 위대한 초인超人만이 중요하고, 대부분의 인류는 초인의 행복을 위한 수단일 뿐이라고 생각했다. 그는 많은 이들이 동물을 바라보듯 보통 사람들을 바라보았고, 초인을 위해 대중을 이용하는 것이 정당하다고 생각했다. 이 견해는 이후 민주주의의 포기를

정당화하는 수단으로 이용되기도 했다. 여기서 우리는 실천적으로 매우 중요하고 날카롭게 대립하는 의견 불일치와 마주하지만, 한편에게 다른 편이 옳다고 설득할 만한 과학적 혹은 지적인 수단이 전혀 없다. 이런 문제와 관련해서 사람들의 의견을 바꿀 방법이 있긴 하지만, 모두 감정적인 것들이지 지적인 것은 아니다.

'가치'에 관한 문제, 즉 결과와 상관없이 그 자체로 선 혹은 악인 것에 대한 문제는 종교를 옹호하는 사람들이 강력하게 주장하듯 과학의 영역 밖에 있다. 이 점에 관한 한 나는 그들이 옳다고 생각하지만, 여기서 한 발 더 나아가 그들이 외면하는 결론을 끌어내보고자 한다. '가치'에 관한 문제는 과학의 영역을 넘어 오롯이 지식의 영역 밖에 있다. 즉 이런저런 '가치'가 있다고 주장할 때 우리는 자신의 감정을 표현하는 것일 뿐, 개인적 감정과 상관없이 언제나 참인 어떤 사실을 표현하는 것이 아니다. 이 점을 명확히 하려면 '선'의 개념을 분석해봐야 한다.

우선, 선악에 대한 모든 관념은 '욕구'와 모종의 관련이 있는 것이 분명하다. 언뜻 보기에 우리 모두가 원하는 것은 '선'이며, 우리 모두가 두려워하는 것은 '악'이다. 우리 모두의 욕구가 일치한다면 일이 커지지 않겠지만, 불행하게도 우리의 욕구는 충돌한다. 만약 "내가 원하는 것이 선이다"라고 말하면, 내 이웃은 "아니다. 내가 원하는 것이 선이다"라고 말할 것

이다. 윤리학은 이런 주관성에서 벗어나려는 시도일 텐데, 내가 보기에는 그다지 성공적이지 않은 것 같다. 나는 물론 이웃과 논쟁할 때, 내 욕구에는 그의 욕구보다 더 존중할 만한 가치가 있음을 보여주는 특성이 있다는 점을 내세우려 할 것이다. 만약 내가 통행권을 지키려고 한다면, 나는 그 지역의 땅을 소유하지 않은 주민들에게 호소할 것이다. 그러나 상대는 지주들에게 호소할 것이다. 나는 "아무도 보지 못하는 전원의 아름다움이 무슨 소용인가?"라고 말할 것이다. 그러면 그는 "만약 여행자들로 넘쳐나 황폐해진다면 도대체 어떤 아름다움이 남겠는가?"라고 되받아칠 것이다. 이처럼 각자 자신의 욕구가 제삼자의 욕구와 조화를 이룬다는 걸 보여줌으로써 지지를 구하려고 노력한다. 그러나 강도의 경우처럼 이런 설득이 불가능할 때는 여론의 비난을 받고 윤리적으로 죄인의 입장이 된다.

윤리학은 이처럼 정치학과 밀접하게 관련돼 있다. 정치는 한 집단의 욕구와 관련해 개인들에게 영향을 미치려는 시도다. 또는 반대로 한 개인의 욕구를 집단의 욕구로 만들려는 시도다. 후자는 물론 개인의 욕구가 일반의 이익에 명백히 반하지 않는 경우에만 가능하다. 이런 이유로 강도는 자신이 타인에게 이득이 될 만한 일을 한다고 사람들을 설득할 수 없다. 금권정치가는 같은 시도를 해서 성공하는 경우도 많긴 하다. 우리의 욕구가 모든 사람이 공통으로 향유할 수 있는 것을 추구한다면, 다른 사람들도 의견 일치를 보이리라는 믿음은 불

합리해 보이지 않는다. 이런 의미에서 진선미에 가치를 두는 철학자는 단순히 자신을 위해 자기 욕구를 표현하는 것이 아니라 인류 전체의 행복을 도모하는 것처럼 보인다. 강도와 달리 그는 자신의 욕구가 개인적 의미를 넘어서는 가치를 추구한다고 믿는다.

윤리학은 우리의 일정한 욕구에 단순히 개인적인 것을 넘어서는 어떤 보편적인 중요성을 부여하려는 시도다. 내가 '어떤'이라고 한 이유는 강도의 경우에서와 같이 보편적인 중요성을 부여하기가 명백히 불가능한 경우가 있기 때문이다. 비밀 정보를 이용해서 주식 거래에서 돈을 버는 사람은 다른 사람들과 비밀 정보를 공유하는 것을 바라지 않는다. 진리란 (그의 가치 평가에 따르면) 사적 소유물일 뿐이며, 인간의 일반적 선이 진리인 것은 철학자에게나 그럴 뿐이다. 철학자도 주식 투기꾼 수준으로 곤두박질칠 수 있다. 발견에 대한 우선권을 주장할 때 그렇듯이 말이다. 이것은 하나의 타락이다. 그는 순수하게 철학적 능력 안에서 오직 진리를 관조하는 것을 즐길 뿐, 자기와 같은 것을 원하는 다른 사람을 방해하지는 않는다.

우리의 욕구에 보편적인 중요성을 부여한다고 생각되는 이 작업은, 윤리학의 임무로서 두 가지 관점에서 시도될 수 있다. 하나는 입법자의 관점이고, 다른 하나는 설교자의 관점이다. 우선 입법자의 관점을 살펴보자.

논의를 전개하기 위해 입법자가 사리사욕이 없다고 가정

하자. 즉 자신의 어떤 욕구가 오직 자신의 행복과 관련이 있다고 인식하면, 입법할 때 그 욕구가 영향을 미치지 않도록 노력할 사람이라는 의미다. 예를 들어 그는 자신의 개인적 행운을 증가시키기 위해 법을 만들지는 않는다. 그런데 그는 자신에겐 비개인적이라고 생각되는 다른 욕구를 가지고 있다. 그는 왕에서 소작인에 이르기까지, 혹은 광산주부터 흑인 계약 노동자에 이르기까지 정해진 계급 제도의 신봉자일지 모른다. 여성은 남성에게 복종해야 한다고 믿을지도 모른다. 하층 계급에게 지식을 보급하는 것은 위험하다고 생각할지도 모른다. 이런 경우 그는 가능한 한 자신이 가치 있다고 여기는 목적을 증진하면서도 개인적 이익에도 부합하도록 법을 만들 것이다. 그리고 성공한다면 그와 다른 목적을 추구하는 사람들이 스스로를 나쁘다고 느끼도록 만들 도덕 교육 체계를 세울 것이다.[19] 따라서 '덕'은 주관적 평가가 아니라 해도, 입법자는 자신의 욕구를 보편화할 가치가 있다고 여기는 한 그 자신의 욕구에 복종할 것이다.

설교자의 관점과 방법은 입법자와는 다소 다를 수밖에

19 아리스토텔레스와 동시대인(그리스인이 아닌 중국인이지만)의 다음과 같은 조언과 비교해보라. "지배자는 백성들에게 나름의 의견이 있으며 그들 각자가 중요하다고 믿는 사람들의 말에 귀를 기울이지 말아야 한다. 그런 가르침으로 인해 사람들은 조용한 곳으로 물러나 동굴이나 산에 숨는다. 그리고 정부를 혹평하거나 권력자를 냉소하거나 위계와 보수의 중요성을 경시하거나 관직에 있는 자를 모두 경멸한다." 아서 웨일리, 『도와 그 힘』, 37쪽 참조.

없다. 그는 국가 기구를 통제하지 않으므로 자신의 욕구와 다른 사람들의 욕구를 결합해 인위적인 조화를 이끌어낼 수 없기 때문이다. 그가 쓸 수 있는 유일한 방법은 다른 사람의 마음속에 자신이 느끼는 것과 같은 욕구를 불러일으키려고 시도하는 것이다. 이 목적을 위해 그는 타인의 감정에 호소한다. 그래서 존 러스킨은 논쟁이 아니라 리드미컬한 산문으로 사람들의 마음을 움직여 고딕 건축을 사랑하게끔 만들었다. 『톰 아저씨의 오두막』은 사람들이 스스로를 노예라고 상상하도록 함으로써 노예제도가 악이라는 생각을 갖게 만들었다. 어떤 것을 효과 때문이 아니라 그 자체로 좋다고 설득하려는 모든 시도는, 어떤 증거보다는 감정을 불러일으키는 기술에 의해 성공을 거둔다. 모든 경우 설교자의 기술은 타인의 마음속에 자신과 비슷한 감정을 불러일으킨다. 단, 위선자일 경우는 그 반대다. 설교자를 비판하기 위해 이런 말을 하는 것이 아니라 그들 활동의 본질적 특성을 분석하면 그렇다는 의미다.

어떤 사람이 "이것은 그 자체로 선이다" 하고 말할 때, 그는 "이것은 정사각형이다"라거나 "이것은 달다"고 말하듯이 이런 진술을 하는 것처럼 '보인다'. 나는 그것이 잘못이라고 생각한다. 내가 생각하기에 그가 정말로 하고 싶어 하는 말은 "나는 모든 사람이 이것을 욕구하기 바란다" 혹은 "모든 사람이 이것을 욕구하게 되었으면 한다"이다. 그의 말을 하나의 진술로서 해석한다면, 그저 자신의 개인적 바람을 확언한 것에

지나지 않는다. 반면 일반적인 방법으로 해석한다면, 그는 아무것도 진술하는 것 없이 그저 어떤 것을 욕구할 뿐이다. 소망이 생겨나는 것은 개인적이지만, 그것이 욕구하는 것은 보편적이다. 나는 윤리학에서 이처럼 특수성과 보편성이 기묘하게 연결된 탓에 수많은 혼란이 빚어졌다고 생각한다.

이 문제는 진술하는 문장과 윤리적인 문장을 대비해보면 더욱 분명해진다. 만약 내가 "모든 중국인은 불교도다"라고 말한다면, 그 말은 중국인 그리스도교도나 중국인 이슬람교도들의 사례를 통해 반박될 수 있다. 그렇지만 "나는 모든 중국인이 불교도라고 믿는다"라고 말한다면, 중국에 관한 그 어떤 증거로도 반박할 수 없다. 나를 반박할 수 있는 증거는 오직 내가 말하는 바를 나 자신이 믿지 않는다는 사실뿐이다. 내가 주장하는 바는 단지 내 마음의 상태를 말해주는 것일 뿐이기 때문이다. 만약 지금 한 철학자가 "아름다움은 선이다"라고 말한다면, 나는 "모든 사람이 아름다움을 사랑했으면!"(이것은 "모든 중국인은 불교도이다"에 대응한다) 또는 "나는 모든 사람이 아름다움을 사랑하기를 바란다"(이것은 "나는 모든 중국인이 불교도라고 믿는다"에 대응한다) 둘 중 하나를 의미한다고 해석할 것이다. 전자는 주장하는 것이 아니라 희망을 표명하는 것이다. 즉 아무것도 단언하지 않기 때문에 그것을 긍정하거나 부정하거나 혹은 그것이 참인지 거짓인지 증거를 제시하기란 논리적으로 불가능하다. 후자는 단순히 원하는 것을 나타내는 것이 아니라

진술을 하고 있다. 이는 철학자의 마음 상태에 관한 진술로, 그가 자신이 품고 있다고 말하는 욕구를 사실은 품고 있지 않다는 증거에 의해서만 반박될 수 있다. 두 번째 문장은 윤리학이 아니라 심리학 혹은 전기傳記에 속한다. 윤리학에 속한 첫 번째 문장은 어떤 것에 대한 욕구를 나타내지만 아무것도 주장하지 않는다.

만약 위의 분석이 정확하다면, 윤리학은 참이든 거짓이든 진술을 전혀 포함하지 않는다. 어느 일반적인 종류의, 즉 인류 일반의 욕구와 관계된 욕구와 더불어 만약 존재한다면 신, 천사, 악마의 욕구로 이루어진다. 과학은 욕구의 원인과 이를 실현하는 방법에 대해 논할 수 있지만, 순수하게 윤리적인 문장은 다룰 수 없다. 과학은 진위와 연관 있기 때문이다.

내가 옹호해온 이론은 가치의 '주관성'이라고 불리는 학설의 한 형태다. 이 학설은 만약 어떤 두 사람이 가치에 대해 견해를 달리한다면, 그것은 어떤 진리에 대한 의견의 불일치가 아니라 취향의 불일치라고 주장한다. 만약 어떤 사람이 "굴은 맛있다"고 하고 다른 사람이 "나는 맛이 없다고 생각한다"고 말하면, 우리는 둘 사이에 논쟁거리가 아무것도 없다고 인정한다. 지금 문제 삼고 있는 이론은 가치에 관한 모든 차이가 이러한 종류의 것이라고 주장한다. 다만 굴보다 더 고차원적이라고 생각되는 문제를 다룰 때에도 당연히 그렇게 생각되지는 않지만 말이다. 이러한 견해를 취하는 주요 근거는 이것 또

는 저것에 고유한 가치가 있음을 입증하기가 불가능하다는 데 있다. 만약 우리 모두의 의견이 일치한다면 우리는 직관적으로 가치를 안다고 주장할 수 있을지도 모른다. 우리는 색맹인 사람에게 풀이 초록색이지 빨간색이 아니라는 것을 증명할 수 없다. 그러나 대부분의 사람이 갖고 있는 식별 능력을 색맹인 사람은 갖고 있지 않다는 것을 증명할 방법은 많다. 반면 가치의 경우에는 그러한 방법이 존재하지 않는다. 이 경우 색깔의 경우보다 훨씬 빈번하게 의견 불일치를 보인다. 가치의 차이를 결정하는 방법이 무엇인지 생각해낼 도리가 없으니, 우리는 가치에 대한 의견 차이는 취향의 문제이지 객관적 진리의 문제가 아니라고 결론을 내릴 수밖에 없게 된다.

이 학설이 만들어내는 결과는 대단하다. 어떤 의미에서 '죄'라는 개념은 전혀 존재할 수 없게 된다. 어떤 사람이 '죄'라고 부르는 것을 다른 사람은 '미덕'이라고 부를 수도 있다. 그들은 이 차이 때문에 서로를 혐오하게 될지도 모르지만, 어느 쪽도 지적 오류의 혐의로 상대에게 유죄를 선고할 순 없다. 처벌이 정당화되는 경우는 해당 범죄가 '사악하다'는 근거가 있어서가 아니라 그가 다른 사람들이 막아야겠다는 생각이 들 만한 방식으로 행동했을 때뿐이다.

둘째, 우주적 목적을 믿는 사람들이 공유하는 가치에 대해 말하는 방식을 지지하는 것이 불가능하다. 그들은 지금까지 진화해온 어떤 것들은 '선'이고, 따라서 이 세계에는 분명 윤

리적으로 바람직한 어떤 목적이 있다고 주장한다. 주관적 가치의 언어로 보면 이는 다음과 같이 말할 수 있다. "세계에 존재하는 어떤 것은 우리의 취향에 맞는다. 따라서 이들은 우리와 취향이 같고 우리도 좋아하며 결과적으로 선한 어떤 존재에 의해 창조되었음이 틀림없다." 만약 호불호를 가진 피조물이 존재한다면 그들은 자신들을 둘러싼 환경의 '어떤' 것을 분명 좋아했을 것이다. 그렇지 않으면 살아가는 일을 견딜 수 없었을 것이기 때문이다. 우리의 가치는 우리 이외의 구성물과 함께 진화해왔으며, 그 가치들이 현재 어떠하다는 사실로부터는 근원적 목적에 대해 아무것도 추론할 수 없다.

'객관적' 가치의 존재를 믿는 사람들은 내가 지금까지 옹호해온 견해가 비도덕적 결과를 가져온다고 주장한다. 나는 이것이 잘못된 추론에 기인한 주장이라고 생각한다. 이미 언급했듯 주관적 가치 이론에서 비롯된 윤리적 결과들이 존재한다. 그중에서 가장 중요한 것은 보복성 처벌과 '죄'의 개념에 대한 거부다. 하지만 도덕적 의무감의 파괴처럼 사람들이 두려워하는 더 일반적인 결과는 논리적으로 추론될 수 없다. 도덕적 의무가 행동에 영향을 미칠 만한 것이려면, 그것은 믿음만이 아니라 욕구를 포함하고 있어야 한다. 혹자는 그 욕구란 내가 더는 용납하지 않는 한에서 '선해지려는' 욕구라고 말할지도 모른다. 그러나 '선해지려는' 욕구를 분석해보면, 그것은 대체로 인정받고 싶다는 욕구 혹은 우리가 원하는 일반적

결과를 가져오기 위해 행동하려는 욕구로 환원된다. 우리에게는 순수하게 개인적이지만은 않은 바람이 있다. 그런 것이 없다면 거부에 대한 두려움 때문이 아닌 한 윤리적 가르침은 우리 행동에 아무런 영향을 미치지 않을 것이다. 우리들 대부분이 동경하는 인생은 비개인적 욕구들이 이끄는 삶이다. 그런 욕구들이 본보기, 교육, 지식 등을 통해 고무될 수 있다는 점은 의심의 여지가 없다. 하지만 그런 욕구란 선하다는 추상적 믿음을 통해 생길 수 있는 것도 아니고, '선'이라는 단어가 의미하는 바를 분석해본다고 해서 사라지는 것도 아니다.

우리는 인류에 대해 숙고할 때 인류가 행복하기를, 건강하기를, 지적이기를, 또는 호전적이기를 바랄지도 모른다. 이러한 욕구가 충분히 강하면, 독자적인 도덕을 만들어낼 것이다. 그러나 우리에게 그런 일반적인 욕구가 없다면, 우리 행동은 우리 윤리가 무엇이든 간에 개인적 이익과 사회적 이익이 조화를 이루는 한에서만 사회적 목적에 도움이 될 것이다. 그런 조화를 가능한 한 많이 만들어내는 것이 현명한 제도가 하려는 일이다. 그리고 나머지에 관해서는, 가치에 대한 우리의 이론적 정의가 무엇이든 간에 비개인적 욕구의 존재에 기대해볼 일이다. 당신이 윤리적 의견이 일치하지 않는 사람과 만났다고 치자. 예를 들어 당신은 모든 사람이 똑같이 중요하다고 생각하는데 상대는 특정 계급만이 중요하다고 꼽는다면, 당신은 객관적 가치를 믿기보다는 그렇지 않은 쪽이 그를 상대하기

더 수월하다는 점을 알게 될 것이다. 어느 경우건 그의 행동에 영향을 주려면 그의 욕구에 영향을 미쳐야 한다. 만약 성공한다면 그의 윤리는 변화할 것이고, 성공하지 못한다면 아무것도 바뀌지 않을 것이다.

인류의 행복 같은 일반적인 욕구에 만일 절대선이라는 제재가 없으면, 어떤 의미에서 비합리적인 게 아니냐고 생각하는 사람도 있다. 이것은 객관적 가치에 대한 믿음이 어느 정도 남아 있는 탓이다. 욕구는 그 자체로 합리적이지도 비합리적이지도 않다. 다른 욕구들과 충돌을 빚어 불행을 초래하거나, 다른 사람들의 반대를 불러일으켜 만족감을 느끼지 못하게 할 수는 있다. 그러나 욕구의 원인을 느낄 수 없다는 이유만으로 그것을 비합리적이라고 보기는 어렵다. 우리는 B에 이르는 수단이라는 이유로 A를 욕구할 수도 있다. 수단에 불과할지라도 우리는 아무런 이유도 없이 욕구하는 그 무언가에 결국에는 도달해야 한다. 하지만 그것이 '비합리적'인 것은 아니다. 윤리학의 모든 체계는 그것을 옹호하는 사람들의 욕구를 구체화하는데, 그런 사실은 가려져 있다. 우리의 욕구는 사실 많은 도덕주의자가 생각하는 것보다 훨씬 일반적이고 덜 이기적이다. 만약 그렇지 않다면 어떤 윤리학 이론도 도덕적 개선을 가능하게 하지 못할 것이다. 사람들이 현재보다 훨씬 더 인류의 보편적 행복에 부응하는 행동을 할 수 있는 건 사실 윤리적 이론 때문이 아니다. 지성, 행복, 공포로부터의 해방을 통한 광범

위하고 관대한 욕구의 함양 덕분이다. '선'을 우리가 무엇이라 정의하든, 우리가 그것을 주관적이라고 믿든 객관적이라고 믿든, 인류의 행복을 욕구하지 않는 사람들은 인류의 행복을 증진하려고 노력하지 않을 것이다. 반면 그것을 욕구하는 사람들은 그 실현을 위해 자신이 할 수 있는 일을 할 것이다.

과학이 가치의 문제들을 결정지을 수 없는 것은 사실이다. 하지만 그것은 가치의 문제들이 지적으로 결정될 수 없으며 진위의 영역 바깥에 있기 때문이다. 모든 지식은 과학적인 방법을 통해서만 얻어져야 한다. 그리고 과학이 발견해낼 수 없는 것은, 인간이 알 수 없는 것이다.

10 — 우리가 일궈낸 가장 중요한 성과물

결론

지적 자유를 획득한 과학자들은,
어떤 신조가 그것을 억압하든 공
정한 비판을 통해서 어디에서나
지적 자유가 제한되지 않기 바란
다는 입장을 표명해야 한다.

지금까지 우리는 지난 400년 동안 신학자들과 과학자들 사이에 벌어진 가장 주목할 만한 갈등을 간략히 살펴보고, 오늘날의 과학이 오늘날의 신학에 미치는 영향을 평가해보려고 시도했다. 우리는 코페르니쿠스 시대 이후로 과학과 신학의 의견이 불일치할 때마다 줄곧 과학이 승리했음을 봐왔다. 또한 마법이나 의학에서처럼 실질적인 문제들이 개입된 영역에서, 과학은 고통을 줄이는 쪽에 기여한 반면 신학은 인간의 타고난 야만성을 조장해온 것도 보았다. 신학적 전망과는 대조적으로 과학적 전망의 확장이 지금까지 인간의 행복에 기여해왔다는 데는 논란의 여지가 없다.

그러나 이제 이 문제는 완전히 새로운 국면으로 접어들었다. 거기에는 두 가지 이유가 있다. 첫째 과학기술이 과학적 정신보다 더 중요한 영향력을 발휘하고 있다. 둘째, 신흥 종교들이 그리스도교가 차지했던 위치를 잠식하며 그리스도교가 뉘우친 오류들을 반복하고 있다.

과학적 정신은 신중하고 잠정적이고 점진적이다. 자기가 모든 진리를 안다고 생각하지 않으며, 자기가 획득한 최상의 지식조차도 전적으로 참이라고 생각하지 않는다. 과학은 어떤 이론도 조만간 수정이 필요하며, 이를 수정하기 위해서는 탐구와 토론의 자유가 필요하다는 것을 안다. 그러나 과학기술은 이론과학의 영역 밖에서 발달해왔으며, 가정에 기초하는 과학 이론의 잠정적 특성이 없다. 물리학은 이번 세기 동안 상

대성이론 및 양자이론에 의해 혁명에 가깝게 발전했다. 반면 고전물리학에 기초를 둔 발명품들은 모두 아직도 만족스럽게 쓰이고 있다. 산업이나 일상생활에 전기의 응용은, 발전소·방송·전등 같은 것까지 포함하여 60년도 더 이전에 발표된 클라크 맥스웰의 연구에 기초한다. 그리고 지금까지 우리가 아는 한, 맥스웰의 견해가 여러 면에서 불충분한 탓에 작동하지 못한 발명품은 이들 중에 단 하나도 없다. 그러므로 과학기술을 활용하는 실무 전문가들과 그들을 고용하는 정부나 대기업은 과학자들과는 전혀 다른 성향을 보이게 된다. 즉 무한한 권력을 지닌 듯한 도취감, 오만한 확신, 인적 자원을 조종하는 쾌감 등이 엿보인다. 이는 과학적 성향과는 정반대 지점에 있지만, 과학이 이를 조장하는 데 일조해왔음 또한 부인할 수 없는 사실이다.

과학기술의 직접적인 영향 또한 모두 유익했던 것은 결코 아니다. 과학기술은 전쟁 무기의 파괴력을 높였고, 평화 산업에서 군수품 제조업으로 이동하는 인구의 비율을 증가시켰다. 다른 한편으로는 노동생산성이 향상됨에 따라 결핍에 의존하던 옛 경제 체제의 근간을 흔들었다. 새로운 사상들이 몰고 온 격렬한 충격은 옛 문명들의 균형을 깨뜨렸다. 이로 인해 중국은 혼돈에 빠져들었고, 일본은 서구 모델에 근거한 무자비한 제국주의 국가가 되었다. 러시아는 새로운 경제 체제를 수립하기 위해 폭력적인 시도를 하고, 독일은 낡은 경제 체제를 유

지하기 위해 폭력적인 시도를 하게 되었다. 우리 시대의 이런 악들은 모두 부분적으로는 과학기술의 탓이고, 따라서 궁극적으로는 과학의 탓이다.

과학과 그리스도교 신학 사이의 전쟁은 때때로 전초기지에서 작은 싸움이 일어나고 있기는 하지만 오늘날에는 거의 끝난 듯하다. 모든 그리스도교인들이 그 전쟁으로 인해 자신들의 종교가 더 나아졌음을 인정할 거라고 나는 생각한다.

그리스도교는 야만적인 시대로부터 물려받은 비본질적인 요소들을 정화해왔고 박해를 하려는 욕구도 거의 다 치유했다. 그리하여 좀 더 자유주의적인 그리스도교인들 사이에는 가치 있는 윤리적 교리가 남아 있다. 그들은 이웃을 사랑해야 한다는 그리스도의 가르침을 받아들이고, 이제 더는 영혼이라고 불릴 수 없을지라도 각 개인에게는 존중받을 만한 그 무엇인가가 있다고 믿는다. 전쟁에 반대해야 한다는 믿음 역시 교회 내부에서 커져가고 있다.

하지만 이렇게 옛 종교가 정화되고 여러 면에서 유익하게 변화해가는 반면, 새로운 종교가 출현해 다른 이들을 박해하려는 욕망을 누르지 못하고 유치한 열망을 격렬하게 표출하며 갈릴레오 시대의 종교재판소가 그러했던 것처럼 과학에 반대할 만반의 준비를 갖추고 있다. 만일 독일(히틀러 정권하의 독일 – 옮긴이)에서 그리스도가 유대인이었다고 주장하거나 러시아에서 원자는 그 실재성을 잃어 단순한 일련의 현상에 지나

지 않는다고 주장한다면, 매우 엄하게 처벌받기 쉽다. 아마도 법적이기보다는 경제적인 제재일 테지만, 그렇다고 해서 결코 느슨한 처벌은 아닐 것이다. 독일이나 러시아에서 지식인에게 자행된 박해는 그 가혹함이 지난 250년간 그리스도교회가 저지른 박해를 능가했다.

오늘날 가장 직접적으로 이런 박해에 맞서고 있는 과학은 경제학이다. 늘 그래 왔듯 지금도 예외적으로 관용적인 나라인 영국에서는 정부를 불쾌하게 할 만한 경제학적 견해를 가진 사람일지라도, 그러한 견해를 자신의 마음속에 담아두거나 혹은 밝히더라도 적절한 분량의 책을 통해서 표현한다면 전혀 처벌을 받지 않는다. 그러나 이런 영국에서조차 연설이나 값싼 팸플릿에서 '공산주의적'인 의견을 표했다가는 생계수단을 잃거나 일정 기간 감옥에 갇힐 위험을 감수해야 한다. 최근 제정된 한 법령에 따르면, 아직 완전히 시행되고 있진 않지만, 정부가 선동적이라고 판단하는 저작물의 저자뿐 아니라 그러한 저작물을 소유하고 있는 사람은 누구나 그들이 그러한 저작들을 국왕 폐하 군대의 충성심을 약화하는 데 이용하려 들지 모른다는 이유로 처벌받을 수 있다.

독일이나 러시아에는 정통 교리가 더 광범위하게 확산되어 있으며, 이에 반대하는 사람들에 대한 처벌의 수준이 다른 나라들과는 차원이 다를 정도로 가혹하다. 두 나라 모두 정부가 공포한 교의 체계가 있으며, 이에 공공연하게 반대하는 자

는 비록 죽음은 면하더라도 강제수용소에서 강제노동을 해야 한다. 한쪽에서 이단인 것이 다른 쪽에서는 정통이고, 어느 한 쪽에서 박해를 받던 사람이 다른 쪽으로 탈출하면 영웅으로 환대받는다. 그러나 이 두 나라는 무엇이 진리인지 일단 단호하게 언명한 후 이에 반대하는 사람을 처벌하는 종교재판소의 교의를 지지한다는 면에서는 한 몸이다. 그러나 과학과 교회 사이의 투쟁의 역사는 이 교의가 틀렸음을 보여준다. 오늘날 우리는 갈릴레오를 박해한 자들이 모든 진리를 알고 있었던 것은 아님을 확신한다. 그러나 우리 중 일부는 히틀러나 스탈린에 대해 그만큼의 확신을 갖고 있지 않다.

양극단에서 불관용에 빠지는 경우가 나타나는 것은 불행한 일이다. 만약 과학자가 그리스도교인을 박해할 수 있는 나라가 있었다면, 갈릴레오의 친구들은 '모든' 불관용에 대해서가 아니라 오직 상대측의 불관용에 대해서만 항의했을 것이다. 그럴 경우 갈릴레오의 친구들은 갈릴레오의 학설을 교리 수준으로까지 높였을 것이다. 그리하여 갈릴레오도 종교재판소도 둘 다 틀렸음을 보여준 아인슈타인은 양 진영에서 추방되어 어디에서도 피난처를 찾아내지 못했을 것이다.

우리 시대의 박해는 과거와 달리 신학적이라기보다는 정치적이거나 경제적이라고 주장하는 사람들도 있다. 그러나 그런 변명은 역사를 모르고 하는 말이다. 면벌부에 대한 루터의 공격은 교황에게 막대한 재정적 손실을 안겼고, 헨리 8세의 반

역은 헨리 3세 시대 이래 교황이 누려온 막대한 수입을 앗아 갔다. 엘리자베스가 로마 가톨릭교도를 박해한 이유는 그들이 자신의 자리를 스코틀랜드의 메리 여왕이나 필립 2세로 대체하려 했기 때문이다. 과학은 사람의 마음을 쥐고 흔드는 교회의 지배력을 약화시켰고, 궁극적으로는 많은 나라에서 막대한 교회 재산의 몰수를 이끌어냈다. 경제적 동기나 정치적 동기는 항상 박해의 한 원인이었다. 아니, 어쩌면 가장 중요한 이유였는지도 모른다.

어떤 경우에도 의견의 박해에 반대하는 사람들에게 박해의 이유는 중요하지 않다. 이들의 논거는 우리 모두가 진리를 다 알지는 못한다는 것, 새로운 진리의 발견은 자유로운 토론에 의해 촉진되고 억압에 의해 매우 위축된다는 것, 그리고 긴 안목으로 보면 인류의 복지는 진리의 발견으로 증진되며 오류에 근거한 행동으로 저해 받는다는 것이다. 새로운 진리는 때로 기득권의 이익에 방해가 된다. 금요일에 육식을 그만둘 필요가 없다는 개신교 교리는 엘리자베스 1세 여왕 시절 생선 가게의 극렬한 반대를 샀다. 그러나 넓게 보면 새로운 진리가 자유롭게 퍼져 나가도록 놓아두는 일은 공동체 전체의 이익에 부합한다.

처음에는 새로운 이론이 진리인지 아닌지 알 수 없기 때문에, 새로운 진리에 대한 자유는 오류에 대한 자유도 똑같이 포함한다. 이러한 생각은 이미 흔한 것이 되었지만, 오늘날 독일

이나 러시아에서는 질색하며, 그 밖의 다른 곳에서도 충분히 인정받지 못하고 있다.

지적 자유에 대한 위협은 1660년 이후의 그 어떤 때보다 커졌다. 그러나 그 원인이 그리스도교 교회는 아니다. 위협은 이제 정부로부터 나오고 있다. 현대의 무정부 상태 및 혼란의 위기 때문에 그리스도교 교회의 권위에 속했던 신성불가침의 특성을 정부가 계승했다. 그러니 낡은 형태의 박해가 줄어든 데 만족스러워하고 기뻐하기보다는 새로운 형태의 박해에 저항하는 것이야말로 과학자를 비롯해 과학적 지식을 존중하는 모든 사람의 명백한 의무다. 그리고 이 의무는 박해하는 쪽에서 지지하는 특정한 교의를 따른다고 해서 줄어들지는 않는다. 공산주의를 선호한다는 이유로 러시아에서 뭔가 잘못된 일이 일어나고 있다는 사실에 눈을 감아서도, 그리고 도그마에 대한 그 어떠한 비판도 용인하지 않는 정권은 결국에는 새로운 지식을 발견하는 데 방해물로 전락할 수밖에 없다는 사실을 깨닫지 못해서도 안 된다. 반대로 공산주의나 사회주의를 혐오한다고 해서 독일에서 그것들을 억압하기 위해 자행된 야만 행위를 용인해서도 안 된다. 자신들이 사는 국가에서 원하는 만큼의 지적 자유를 누리고 있는 과학자들은 다른 나라에서 신념의 자유가 억압 받고 있다면, 자신들은 그런 자유가 축소되는 것을 혐오한다는 사실을 공정한 비판을 통해 표명해야 한다. 공동체 안에서 개인의 지적 자유를 중시하는 사람은

소수일지도 모르지만, 그들 중에는 미래를 위해 중요한 사람들이 포함되어 있게 마련이다. 우리는 코페르니쿠스와 갈릴레오, 다윈이 인류의 역사에서 얼마나 중요한 위치를 차지하고 있는지에 대해 알아보았다. 앞으로 또 그런 사람들이 나오지 말라는 법은 없다. 만약 이들이 자신들의 과업을 수행하고 그에 따르는 마땅한 영향력을 행사하는 데 방해 받는 일이 벌어진다면, 인류는 정체될 것이며 찬란했던 고대의 뒤를 이어 암흑시대가 도래했듯, 새로운 암흑시대가 뒤따를 것이다. 새로운 진리는 때로는 불편하다. 권력을 쥔 사람들에게는 특히 더 그러할 것이다. 그러나 새로운 진리야말로 잔인함과 편협함으로 물든 기나긴 역사 속에서 지적이고 총명하면서도 어디로 튈지 종잡을 수 없는 우리 인류가 일궈낸 가장 중요한 성과물이다.

찾아보기

ㅁ

ㅂ

ㅅ

ㅇ

ㅈ

게으름에 대한 찬양

— 청소년 권장도서 선정

'열심히 일해야 한다'는 사회적 통념과 달리 인간의 진정한 자유와 주체성 확립을 위해서는 여가가 필요하다는 역설을 담은 러셀의 대표적 에세이.

버트런드 러셀 지음 | 송은경 옮김

행복의 정복

자신의 내면에만 몰입하는 사람은 공허하고 불행해지기 쉬우며, 세상과 소통하고 교류하는 속에서 자신의 존재 의의를 찾을 수 있다고 믿는 러셀의 행복론.

버트런드 러셀 지음 | 이순희 옮김

나는 왜 기독교인이 아닌가

천 년 이상 서구사회를 지배해온 종교가 제시하는 주장을 합리적 이성을 지렛대 삼아 신랄하게 논파하는 명쾌한 에세이.

버트런드 러셀 지음 | 송은경 옮김

러셀 자서전(상하, 전2권)

놀라우리만치 많은 굴곡과 풍요로 점철된 버트런드 러셀의 일생을 눈앞에 펼쳐놓듯이 선명하게 회고한 20세기 독보적 인물의 비범한 자화상.

버트런드 러셀 지음 | 송은경 옮김

인생은 뜨겁게

『러셀 자서전』의 정수를 모아 새로이 한 권으로 엮은 책. 러셀의 파란만장한 백 년의 삶을 통해, 가슴 뛰는 삶을 꿈꾸게 하고 인생을 긴 안목으로 바라볼 영감을 준다.

버트런드 러셀 지음 | 송은경 옮김

런던통신 1931~1935

1930년대에 러셀이 신문에 기고했던 150여 편의 칼럼을 엮어 출판한 책. '모든 것이 퇴보하는 재앙의 시대'로 보인 당대의 이슈를 명쾌한 필치로 다룬 에세이.

버트런드 러셀 지음 | 송은경 옮김

결혼과 도덕

사랑의 해방이 어떻게 자유로운 사회의 기초가 되는가? 결혼제도란 그 시대에 맞게 바뀌어야 한다고 주장하며, 새로운 사회 재건을 위한 방향을 제시한다.

버트런드 러셀 지음 | 이순희 옮김

자유와 조직

자유와 이성에 대한 신뢰로 출발했으나 세계대전이라는 실패로 귀결된 아이러니의 시대, 19세기 세계사를 자유와 조직이라는 두 핵심어로 예리하게 분석한 역사서.

버트런드 러셀 지음 | 최파일 옮김

옮긴이 장석봉
대학에서 철학과 사회학을 공부했다. 옮긴 책으로는 『동물원의 비밀』『핀볼 효과』『코페르니쿠스의 연구실』『일러스트 동물농장』『우주가 바뀌던 날 그들은 무엇을 했나』『회색곰 왑의 삶』『둘리틀 박사 이야기』 등이 있다. 베어스 팀의 오래된 팬이다.

과학이란 무엇인가
진리를 찾아 나선 인류의 지적 모험에 건네는 러셀의 나침반

2021년 2월 8일 초판 1쇄 펴냄
2023년 7월 28일 초판 2쇄 펴냄

지은이 버트런드 러셀
옮긴이 장석봉

단행본 총괄 권현준
편집 석현혜 윤다혜 강민영 이희원
마케팅 정하연 김현주

디자인 Kafieldesign
인쇄 영신사

펴낸이 윤철호
펴낸곳 (주)사회평론
등록번호 10-876호(1993년 10월 6일)
전화 02-326-1182(대표번호), 02-326-1543(편집)
팩스 02-326-1626
주소 서울시 마포구 월드컵북로6길 56 사평빌딩
이메일 editor@sapyoung.com
홈페이지 http://www.sapyoung.com

ISBN 979-11-6273-153-6 03400

책값은 뒤표지에 있습니다.